高等职业教育"十三五"规划教材（新能源课程群）

模拟电子电路分析与应用

主　编　董圣英　闫学敏

副主编　施秉旭　王东霞　陈圣林

中国水利水电出版社
www.waterpub.com.cn

内 容 提 要

　　本书是作者在多年电子技术教学和实践的基础上，根据职业岗位知识和技能的需求，结合高职教育的办学定位，为高职高专新能源类专业编写的系列化教材。

　　本书将模拟电子技术知识和技能融入到五个典型任务中，内容涉及二极管及应用电路、晶体管基本放大电路、集成运算放大器的应用、信号产生电路及功率放大器电路等。各任务以典型应用电路分析与制作为手段，通过学做合一训练达到掌握电子电路理论、训练实际操作技能、解决生产实际问题的目的。

　　本书适合作为高职高专、技师学院新能源及机电类专业的模拟电子技术教材，对从事电子技术相关方面工作的工程技术人员也有一定的参考价值。

图书在版编目（ＣＩＰ）数据

　　模拟电子电路分析与应用 / 董圣英，闫学敏主编
. -- 北京：中国水利水电出版社，2016.5
　　高等职业教育"十三五"规划教材. 新能源课程群
　　ISBN 978-7-5170-4302-7

　　Ⅰ．①模… Ⅱ．①董… ②闫… Ⅲ．①模拟电路－高
等职业教育－教材 Ⅳ．①TN710

　　中国版本图书馆CIP数据核字(2016)第096919号

策划编辑：祝智敏　　　责任编辑：张玉玲　　　封面设计：李　佳

书　　名	高等职业教育"十三五"规划教材（新能源课程群） **模拟电子电路分析与应用**
作　　者	主　编　董圣英　闫学敏 副主编　施秉旭　王东霞　陈圣林
出版发行	中国水利水电出版社 （北京市海淀区玉渊潭南路 1 号 D 座　100038） 网址：www.waterpub.com.cn E-mail: mchannel@263.net（万水） 　　　　sales@waterpub.com.cn 电话：（010）68367658（发行部）、82562819（万水）
经　　售	北京科水图书销售中心（零售） 电话：（010）88383994、63202643、68545874 全国各地新华书店和相关出版物销售网点
排　　版	北京万水电子信息有限公司
印　　刷	三河市铭浩彩色印装有限公司
规　　格	184mm×240mm　16 开本　　12.5 印张　　274 千字
版　　次	2016 年 5 月第 1 版　2016 年 5 月第 1 次印刷
印　　数	0001—2000 册
定　　价	28.00 元

凡购买我社图书，如有缺页、倒页、脱页的，本社发行部负责调换

丛书编委会

主　任：陈章侠　殷淑英

副主任：梁　强　静国梁　王记生　董兆广

　　　　于洪水　姜金国　陈圣林

委　员：（按姓氏笔画排序）

　　　　王东霞　王冬梅　王　伟　方冬稳

　　　　曲道宽　闫学敏　李　飞　杨春民

　　　　肖晓雨　吴朝晖　邵在虎　郜　峰

　　　　黄小章　崔青恒　崔　健　彭　波

　　　　董圣英　景悦林　裴勇生

秘　书：祝智敏

I

序 言

第三次科技革命以来，高新技术产业逐渐成为当今世界经济发展的主旋律和各国国民经济的战略性先导产业，各国相继制定了支持和促进高新技术产业发展的方针政策。我国更是把高新技术产业作为推动经济发展方式转变和产业结构调整的重要力量。

新能源产业是高新技术产业的重要组成部分，能源问题甚至关系到国家的安全和经济命脉。随着科技的日益发展，太阳能这一古老又新颖的能源逐渐成为人们利用的焦点。在我国，光伏产业被列入国家战略性新兴产业发展规划，成为我国为数不多的处于国际领先位置，能够在与欧美企业抗衡中保持优势的产业，其技术水平和产品质量得到越来越多国家的认可。新能源技术发展日新月异，新知识、新标准层出不穷，不断挑战着学校专业教学的科学性。这给当前新能源专业技术人才培养提出极大挑战，新教材的编写和新技术的更新也显得日益迫切。

在这样的大背景下，为解决当前高职新能源应用技术专业教材的匮乏，新能源专业建设协作委员会与中国水利水电出版社联合策划、组织来自企业的专业工程师、部分院校一线教师，协同规划和开发了本系列教材。教材以新能源工程实用技术为脉络，依托企业多年积累的工程项目案例，将目前行业发展中最实用、最新的新能源专业技术汇集进专业方案和课程方案，编写入专业教材，传递到教学一线，以期为各高职院校的新能源专业教学提供更多的参考与借鉴。

一、整体规划全面系统，紧贴技术发展和应用要求

新能源应用技术系列教材主要包括光伏技术应用，课程的规划和内容的选择具有体系化、全面化的特征，涉及光电子材料与器件、电气、电力电子、自动化等多个专业学科领域。教材内容紧扣新能源行业和企业工程实际，以新能源技术人才培养为目标，重在提高专业工程实践能力，尽可能吸收企业的新技术、新工艺和案例，按照基础应用到综合的思路进行编写，循序渐进，力求突出高职教材的特点。

二、鼓励工程项目形式教学，知识领域和工程思想同步培养

倡导以工程项目的形式开展教学，按项目、分小组、以团队方式组织实施；倡导各团队成员之间组织技术交流和沟通，共同解决本组工程方案的技术问题，查询相关技术资料，组织

小组撰写项目方案等工程资料。把企业的工程项目引入到课堂教学中，针对工程中的实际技能组织教学，让学生在掌握理论体系的同时能熟悉新能源工程实施中的工作技能，缩短学生未来在企业工作岗位上的适应时间。

三、同步开发教学资源，及时有效地更新项目资源

为保证本系列课程在学校的有效实施，丛书编委会还专门投入了大量的人力和物力，为系列课程开发了相应的、专门的教学资源，以有效支撑专业教学实施过程中的备课授课，以及项目资源的更新、疑难问题的解决，详细内容可以访问中国水利水电出版社万水分社的万水书苑网站，以获得更多的资源支持。

本系列教材是出版社、院校和企业联合策划开发的成果。教材主创人员先后多次组织研讨会开展交流、组织修订，以保证专业建设和课程建设具有科学的指向性。来自皇明太阳能集团有限公司、力诺集团、晶科能源有限公司、晶科电力有限公司、越海光通信科技有限公司、山东威特人工环境有限公司、山东奥冠新能科技有限公司的众多专业工程师和产品经理于洪水、彭波、黄小章、姜金国等为教材提供了技术审核和工程项目方案的支持，并承担技术资料整理和企业工程项目审阅工作。山东理工职业学院的静国梁、曲道宽，威海职业学院的景悦林，菏泽职业学院的王记生，皇明太阳能职业中专的董兆广等都在教材成稿过程中给予了支持，在此一并表示衷心感谢。

本丛书规划、编写与出版过程历经三年时间，在技术、文字和应用方面历经多次修订，但考虑到前沿技术、新增内容较多，加之作者文字水平有限，错漏之处在所难免，敬请广大读者批评指正。

丛书编委会

前　言

　　本书根据教育部《关于加强高职高专教育教材建设的若干意见》及专业课程项目化教学改革的需求进行编写。

　　本书根据职业岗位的知识和技能要求，从典型职业工作任务中设计五个教学任务，通过学做合一的训练达到掌握知识、训练技能的目标。

　　本书具有以下特点：

　　（1）强化学生动手实践能力的培养，充分调动学生学习的主动性和积极性，把"以学生为中心，以能力培养为本位"的职业教育思想贯穿到课程教学的全过程中。

　　（2）采用典型工作任务的项目教学法，每个任务按照任务描述、相关知识、任务实施、知识拓展、任务训练的步骤进行。

　　（3）教材内容设计从简单到复杂，符合职业成长规律的要求；注重基本概念阐述，降低理论分析的难度，加强应用技能和专业素质的培养。

　　全书共有 5 个工作任务，教学学时为 94 学时，各任务教学学时数如下表，供教学中参考。

参考学时分配表

序号	授课内容	学时分配	
		讲课	实践
任务一	简易充电器电路分析与制作	8	6
任务二	简易助听器电路分析与制作	20	8
任务三	音频电平指示电路分析与制作	10	6
任务四	正弦信号发生器电路分析与制作	14	6
任务五	便携式喊话器电路分析与制作	8	8
合计		60	34

　　本书由董圣英、闫学敏任主编，施秉旭、王东霞、陈圣林任副主编，具体编写分工如下：

陈圣林编写任务一，董圣英编写任务二，闫学敏编写任务三，施秉旭编写任务四，王东霞编写任务五，另外参加本书部分编写和电路调试工作的还有郭云、梁强、李建勇、韩烨华、张媛媛、崔青恒等。

由于编者水平有限，书中不妥甚至错误之处在所难免，恳请广大读者批评指正。

编　者
2016 年 3 月

目 录

1

简易充电器电路分析与制作

【任务描述】

交流电是使用最方便的电源，但日常生活中有些电气设备直接或间接使用直流电源才能工作，这就需要一种能够提供直流电源的装置，这种装置称为直流稳压电源。

本任务按照并联型直流稳压电源的组成制作一个用稳压二极管稳压的并联型直流稳压电源。

一、任务目标

1. 知识目标
(1) 熟悉二极管的结构、符号、分类与特性。
(2) 了解电容滤波的原理。
(3) 了解集成三端稳压器的型号含义。
(4) 理解稳压二极管的稳压原理。
(5) 掌握稳压电路的组成及工作原理。

2. 技能目标
(1) 能够查阅二极管、稳压二极管等器件的技术资料。
(2) 能对二极管、电容器、稳压二极管及小型变压器等器件进行检测和判别。
(3) 能按照装配工艺进行直流稳压电源的安装。
(4) 能排除直流稳压电源的各类故障。
(5) 能正确应用三端稳压器。

二、任务学习情境

简易充电器电路分析与制作

名称	输出电压为 6V 的并联型直流稳压电源的制作
内容	简易充电器电路的分析与制作 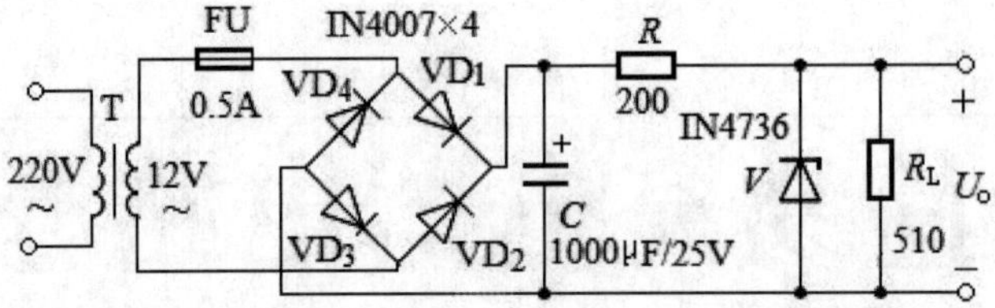 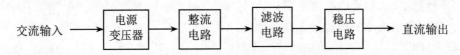
要求	1．熟悉电路各元件的作用 2．根据电路参数进行元器件的检测 3．电路元件的安装 4．电路参数测试与调整 5．撰写电路制作报告

【相关知识】

一、直流稳压电源简介

1．直流稳压电源的类型

直流稳压电源有很多类型，有并联型、串联型、集成稳压电源和开关稳压电源等。并联型稳压电源是由稳压二极管和负载并联而组成的直流稳压电源。

2．直流稳压电源的组成及各部分作用

直流稳压电源的组成框图如图 1.2.1-1 所示。

交流输入 → 电源变压器 → 整流电路 → 滤波电路 → 稳压电路 → 直流输出

图 1.2.1-1　直流稳压电源组成框图

（1）变压电路。

使用降压变压器将 220V、50Hz 的交流电变换为大小适当的低压交流电。

（2）整流电路。

使用整流二极管或整流模块将交流电变为脉动直流电。

（3）滤波电路。

经常使用电解电容器或电感器把脉动的直流电变为较平滑的直流电。

（4）稳压电路。

并联型稳压电源使用稳压二极管把波动的直流电压变为稳定的直流电压。

3．直流稳压电源的主要技术指标

（1）特性指标。

● 输入电压及其变化范围。

● 输出电压及其变化范围。

● 输出电流。

（2）质量指标。

● 电压调整率：环境温度和负载电流不变，输入电压变化 10%时输出电压的变化量，单位为 mV。

● 电流调整率：温度不变时，负载电流变化 10%时输出电压的变化量，单位为 mV。

● 纹波电压：指叠加在直流输出电压上的交流电压分量，通常用有效值或峰值表示。

二、半导体基础知识

半导体是指导电能力介于导体和绝缘体之间的一种物质。常用的半导体材料有硅、锗、砷化镓等，其中硅和锗是最常用的半导体材料。

半导体具有不同于其他物质的独特性质，主要有以下三点：

● 热敏特性：半导体受到外界热的激发时，其导电能力显著增强。

● 光敏特性：半导体受到光的照射时，其导电能力明显增强。

● 掺杂特性：在纯净的半导体中加入微量杂质元素，其导电能力显著增强。

1．半导体的类型及特性

半导体分为本征半导体和杂质半导体。

（1）本征半导体。

纯净的具有晶体结构的半导体称为本征半导体。半导体最外层有 4 个电子称为价电子，硅或锗制成晶体后，每个原子的 4 个价电子不仅受自身原子核的吸引，还与相邻的 4 个原子相互作用，形成共价键结构，如图 1.2.2-1 所示。

本征半导体中的共价键结构使电子受到两个原子核的吸引被束缚，自由移动的电子数量很少。当温度升高或受光照射时，共价键结构中的价电子获得能量挣脱共价键的束缚成为自由电子，同时在共价键中留下一个空位，称为空穴，如图 1.2.2-2 所示。电子和空穴都可以看成是带电粒子，称为载流子。电子带负电，空穴带正电。

在本征半导体中，自由电子和空穴成对出现且数量相等，称它们为电子空穴对。这种在热或光的作用下，本征半导体产生电子空穴对的现象叫做本征激发。

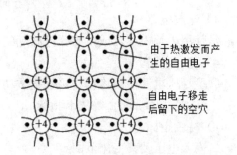

图 1.2.2-1　硅半导体的共价键结构　　　　图 1.2.2-2　本征激发电子空穴对示意图

在一定的温度下，本征半导体中的电子空穴对的数目基本保持不变。温度升高，电子空穴数目增多，导电能力也越强。所以，温度是影响半导体导电能力的一个很重要的外部因素。

（2）杂质半导体。

本征半导体中自由电子和空穴数量很少，导电能力很弱。如果在其中掺入微量的杂质（某种元素），其导电能力会显著增强。因掺入的杂质不同，杂质半导体可分为 N 型半导体和 P 型半导体。

1）N 型半导体。

在四价的硅（或锗）晶体中掺入少量五价元素磷（P），磷原子会占据某些硅原子的位置，如图 1.2.2-3（a）所示。磷原子有 5 个价电子，其中有 4 个和相邻的硅原子组成共价键结构，余下的一个电子因不受共价键的束缚而成为自由电子。这样，在半导体中除了因本征激发产生等量电子空穴对外，每掺入一个磷原子就会增加一个自由电子，使半导体的导电能力增强。

这种半导体主要靠自由电子导电，故称其为电子型半导体或 N 型半导体。N 型半导体中，自由电子数远大于空穴数，自由电子是多数载流子（简称多子），空穴是少数载流子（简称少子）。不难理解，N 型半导体总体上对外仍呈电中性，其多子（电子）的浓度取决于所掺杂质的浓度。

2）P 型半导体。

在本征半导体中掺入微量的三价杂质元素硼（B），硼原子取代晶体中某些晶格上的硅（或锗）原子。硼元素的三个价电子与周围四个硅（或锗）原子形成共价键时缺少一个电子，从而产生了一个空位，如图 1.2.2-3（b）所示。邻近的硅（或锗）原子的价电子很容易来填补这个空位，于是在该价电子的原位上就产生了一个空穴。这样在半导体中除了因本征激发产生等量的电子空穴对外，每掺入一个硼原子就会增加一个空穴。半导体掺杂硼原子后，空穴数远大于自由电子数，空穴是多数载流子，自由电子是少数载流子，半导体导电主要靠空穴导电，故称空穴型半导体，简称 P 型半导体。与 N 型半导体相同，掺入的杂质越多，空穴的浓度越高，导电能力越强。

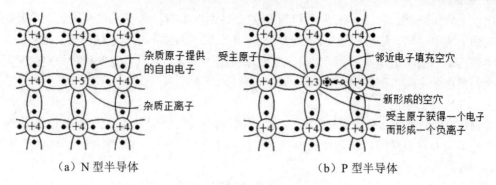

（a）N型半导体   （b）P型半导体

图 1.2.2-3   掺杂半导体的形成

2. PN 结及其单向导电性

用掺杂工艺使一个完整的半导体，一部分形成 P 型半导体，另一部分形成 N 型半导体，在它们的交界面上就形成了 PN 结，PN 结具有单向导电性。

（1）PN 结的形成。

在一块完整的晶体硅片上，通过一定的掺杂工艺，一边形成 P 型半导体，另一边形成 N 型半导体，在两种半导体交接面两侧，由于两种半导体载流子存在浓度差，使 P 区的空穴向 N 区扩散，并与 N 区中的自由电子复合；N 区的电子向 P 区扩散，并与 P 区中的空穴复合而消失，如图 1.2.2-4（a）所示。

载流子扩散运动的结果，使交界面 N 区一侧失去电子而留下不能移动的正离子；P 区一侧失去空穴而留下不能移动的负离子。这些不能移动的带电离子称为空间电荷，该区域称为空间电荷区。在空间电荷区形成了由 N 区指向 P 区的电场，如图 1.2.2-4（b）所示。为区别外加电压建立的电场，称该空间电荷区电场为内电场。

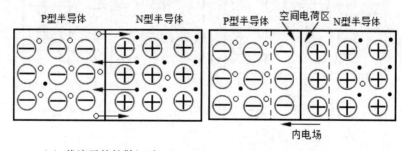

（a）载流子的扩散运动   （b）PN 结的形成

图 1.2.2-4   PN 结的形成

随着扩散运动的进行，空间电荷区加宽，内电场增强。内电场对多数载流子的扩散运动起到阻碍作用，但对少数载流子的运动起到增强作用，我们把在内电场作用下少数载流子的运动称为漂移运动。

由以上分析可见，载流子在 P 区和 N 区的交界面发生着扩散和漂移两种运动。开始时扩散运动强于漂移运动，随着内电场的逐渐增强，扩散运动减弱，漂移运动增强。最后，扩散运动和漂移运动达到动态平衡，空间电荷区宽度不再发生变化，形成了宽度相对稳定的空间电荷区，我们把这个空间电荷区称为 PN 结。

（2）PN 结的单向导电性。

如果在 PN 结的两端外加电压，就将破坏原来的平衡状态。外加电压的极性不同 PN 结表现出截然不同的导电性能，即呈现出单向导电性。

1）PN 结外加正向电压导通。

外加电源的正极接 PN 结的 P 区，负极接 PN 结的 N 区，称 PN 结外加正向电压，也称正向偏置。PN 结正向偏置时，外电场方向与 PN 结内电场方向相反，使内电场削弱，空间电荷区变窄，多数载流子的扩散运动增强，而少数载流子的漂移运动减弱，从而形成较大的扩散电流，方向由 P 区流向 N 区（称为正向电流），PN 结导通，如图 1.2.2-5（a）所示。

PN 结导通时的结压降只有零点几伏，需要在回路中串联一个电阻以限制回路的电流，防止 PN 结因正向电流过大而损坏。

2）PN 结外加反向电压截止。

外加电源的正极接 PN 结的 N 区，负极接 PN 结的 P 区，称 PN 结外加反向电压，也称反向偏置。PN 结反向偏置时，外电场与 PN 结内电场方向相同，使内电场增强，空间电荷区变宽，多数载流子的扩散运动减弱，而少数载流子的漂移运动增强，形成了由 N 区流向 P 区的反向电流，也称为漂移电流，如图 1.2.2-5（b）所示。由于少数载流子的数量极少，所以反向电流也非常小，可忽略不计，认为 PN 结外加反向电压时处于截止状态。

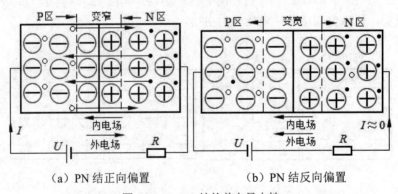

（a）PN 结正向偏置　　　　　　　　（b）PN 结反向偏置

图 1.2.2-5　PN 结的单向导电性

由上述分析可知：PN 结外加正向电压时，具有较大的正向扩散电流，正向电阻很小，PN 结导通；PN 结外加反向电压时，只有很小的反向漂移电流，反向电阻很大，PN 结截止。PN 结具有单向导电性。

三、半导体二极管

1. 半导体二极管的结构、符号和类型

（1）结构、符号。

从 PN 结的 P 区和 N 区各引出一根电极引线，并用外壳封装起来，就构成了二极管。其中从 P 区引出的电极为阳极，从 N 区引出的电极为阴极。二极管的结构外形及电路符号、文字符号如图 1.2.3-1 所示。图中箭头指向为正向导通时的电流方向。

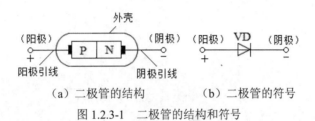

（a）二极管的结构   （b）二极管的符号

图 1.2.3-1   二极管的结构和符号

常见二极管的封装形式如图 1.2.3-2 所示。

图 1.2.3-2   二极管常见的封装形式

（2）类型。

按材料分，有硅二极管、锗二极管和砷化镓二极管等。

按结构分：根据 PN 结面积大小，有点接触型二极管、面接触型二极管和平面型二极管等。

- 点接触型二极管：PN 结面积小，结电容小，用于检波和变频等高频电路。
- 面接触型二极管：PN 结的结面积大，能通过较大的电流（可达几千安培），但结电容也大，适用于频率较低的整流电路。
- 平面型二极管：采用先进的集成电路制造工艺制成，特点是结面积较大时能通过较大的电流，适用于大功率整流电路；结面积较小时，结电容较小，工作频率较高，适用于开关电路。

按用途分，有整流、稳压、开关、发光、光电、变容、阻尼等二极管。

按封装形式分，有塑封及金属封等二极管。

按功率分，有大功率、中功率及小功率等二极管。

2. 二极管的伏安特性

二极管的核心是 PN 结，二极管的特性就是 PN 结的特性，即单向导电性，常用伏安特性曲线来形象地描述二极管的单向导电性。

以电压为横坐标，电流为纵坐标，用作图法把加在二极管两端的电压和流过二极管的电流用平滑的曲线连接起来，就形成了二极管的伏安特性曲线，如图 1.2.3-3 所示（图中虚线为锗管的伏安特性，实线为硅管的伏安特性）。

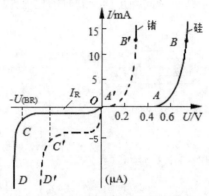

图 1.2.3-3 二极管的伏安特性曲线

（1）正向特性。

二极管两端加正向电压时，其电压电流间的关系曲线称为二极管的正向特性。当正向电压较小时，正向电流极小（几乎为零），二极管不导通，我们把这一区域称为死区，相应的 A（A'）点的电压称为死区电压。一般硅管死区电压约为 0.5V，锗管约为 0.1V，见图 1.2.3-3 中的 OA（OA'）段。

当正向电压超过死区电压后，正向电流随电压的增加按指数规律迅速上升，二极管呈现很小的电阻而处于导通状态。

二极管导通后，在正常使用的电流范围内，其正向压降很小，且几乎维持恒定。一般硅管的导通压降约为 0.6～0.8V（通常取 0.7V），锗管约为 0.2～0.3V（通常取 0.2V），见图 1.2.3-3 中的 AB（$A'B'$）段。

二极管正向导通时，要特别注意其正向电流不能超过最大值，否则将烧坏 PN 结。

（2）反向特性。

二极管两端加反向电压时，二极管的电压电流关系曲线称为二极管的反向特性。由图 1.2.3-3 可以看出，在开始很大范围内，二极管相当于非常大的电阻，只有很小的反向电流且反向电流的大小基本恒定，称为反向饱和电流，见图 1.2.3-3 中的 OC（OC'）段。一般硅管的反向饱和电流比锗管小，前者在几微安以下，而后者可达数百微安。

（3）反向击穿特性。

二极管反向电压增大到某一数值 $U_{(BR)}$ 时，反向电流急剧增大，这种现象称为反向击穿，

$U_{(BR)}$ 称为反向击穿电压，如图 1.2.3-3 中的 CD（$C'D'$）段所示。一般来讲，二极管的电击穿是可以恢复的，只要外加电压减小即可恢复常态；若二极管发生电击穿后，反向电流很大且反向电压很高，致使 PN 结温度过热而烧毁（称为热击穿），二极管便会失去单向导电性造成永久损坏。

3. 二极管的型号命名

国产半导体二极管的型号由五个部分组成。其型号组成部分的符号及其意义参见附表 1-1，国外半导体二极管的型号命名参见附录一。

4. 二极管的主要参数

二极管的参数简要标明了二极管的性能和使用条件，是正确选择和使用二极管的依据。主要参数包括以下三个：

（1）最大整流电流 I_F。

最大整流电流是指二极管长期工作时允许通过的最大正向平均电流。在规定的散热条件下，二极管的正向电流超过此值，会因 PN 结温升过高而烧坏。

（2）最大反向工作电压 U_R。

二极管正常工作时，允许外加的最高反向电压值（峰值）。若超过此值，二极管可能因反向击穿而损坏。通常 U_R 为反向击穿电压 $U_{(BR)}$ 的一半左右。

（3）反向电流 I_R。

I_R 是二极管未击穿时的反向电流。I_R 越小，二极管的单向导电性越好，I_R 对温度非常敏感。

其他参数，如二极管的最高工作频率、最大整流电流下的正向压降、结电容等，可查阅产品手册。部分整流二极管的参数参见附录二。

四、单相整流电路

整流是利用二极管的单向导电性，把交流电变成脉动直流电压的过程，在小功率整流电路中，一般采用单相整流电路。单相整流电路有单相半波整流电路、单相全波整流电路和单相桥式整流电路三种。在此主要介绍应用较为广泛的单相半波整流电路和单相桥式整流电路。

1. 单相半波整流电路

（1）电路组成。

单相半波整流电路如图 1.2.4-1（a）所示。T 为整流变压器，将 220V 的交流电变为所需的低压交流电，VD 为整流二极管，R_L 为负载电阻。

（2）工作原理。

分析工作原理时，为简化分析，把二极管看成理想元件，即二极管只要承受正向电压，二极管就导通，且导通后管压降为零；二极管只要承受反向电压，二极管截止，反向电流为零，即作开路处理。

设变压器二次侧电压为 $u_2 = \sqrt{2}U_2 \sin \omega t$。当 u_2 为正半周（$0 \leq \omega t \leq \pi$）时，二极管因承受正向电压而导通，电流从 u_2 的正极经二极管、负载电路回到 u_2 的负极，流过二极管的电流 i_D 与流过负载电阻 R_L 的电流相同，即 $i_o = i_D$，负载电阻上的电压 $u_o = u_2$。

u_2 为负半周时，二极管因承受反向电压而截止，电路电流为零（有很小的反向漏电流），负载电压为零，波形如图 1.2.4-1（b）所示。由于该电路只在正半周有输出电压，负半周无输出电压，故称为半波整流电路。

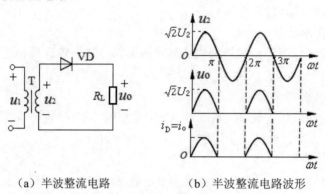

（a）半波整流电路   （b）半波整流电路波形

图 1.2.4-1　单相半波整流电路及波形图

（3）负载上的直流电压和电流的计算。

半波整流电路输出电压的平均值 U_o 为：

$$U_o = \frac{1}{2\pi}\int_0^\pi \sqrt{2}U_2 \sin(\omega t)\mathrm{d}(\omega t) = \frac{\sqrt{2}}{\pi}U_2 = 0.45U_2 \qquad (1.2\text{-}1)$$

流过二极管和负载的直流电流平均值为：

$$I_L = \frac{U_o}{R_L} = 0.45\frac{U_2}{R_L} \qquad (1.2\text{-}2)$$

二极管所承受的最高反向工作电压为：

$$U_{RM} = \sqrt{2}U_2 \qquad (1.2\text{-}3)$$

2. 单相桥式整流电路

（1）电路组成。

桥式整流电路的组成如图 1.2.4-2（a）所示。电路由变压器、四个整流二极管和负载组成，四只二极管 $VD_1 \sim VD_4$ 构成电桥形式，故称为桥式整流，其简化画法如图 1.2.4-2（b）所示。

（2）工作原理。

电源电压 u_2 的正半周（A 端为正，B 端为负），二极管 VD_1、VD_3 承受正向电压导通，电流通路如图 1.2.4-3（a）所示，负载上的电压为正弦电压的正半周。

电源电压 u_2 的负半周（A 端为负，B 端为正），二极管 VD_2、VD_4 承受正向电压导通，电流通路如图 1.2.4-3(b)中所示。负载上的电压仍为正弦电压的正半周，负载电压波形如图 1.2.4-3

（c）所示。

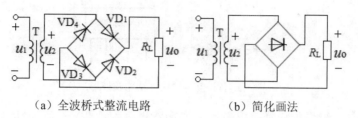

（a）全波桥式整流电路　　　　（b）简化画法

图 1.2.4-2　单相全波桥式整流电路

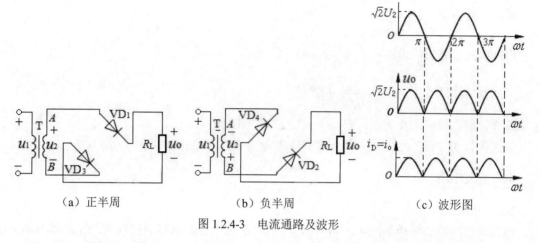

（a）正半周　　　　　　（b）负半周　　　　　　（c）波形图

图 1.2.4-3　电流通路及波形

通过 R_L 的电流 i_o 波形与电压 u_o 的波形形状相似，i_o、u_o 都是单方向的全波脉动波形。

（3）负载上的直流电压和电流的计算。

直流电压是指一个周期内脉冲电压的平均值，即：

$$U_o = \frac{1}{\pi}\int_0^\pi \sqrt{2}U_2 \sin(\omega t)\mathrm{d}(\omega t) = \frac{2\sqrt{2}}{\pi}U_2 = 0.9U_2 \tag{1.2-4}$$

流过负载的直流电流平均值为：

$$I_L = \frac{U_o}{R_L} = 0.9\frac{U_2}{R_L} \tag{1.2-5}$$

流过二极管的平均电流 I_D 是负载 R_L 上流过的一半，即：

$$I_D = \frac{1}{2}I_L = 0.45\frac{U_2}{R_L}$$

二极管所承受的最高反向工作电压为：

$$U_{RM} = \sqrt{2}U_2 \tag{1.2-6}$$

将桥式整流电路的四只二极管制作在一起封装形成的器件称为整流桥，其等效电路和外形如图 1.2.4-4 所示。

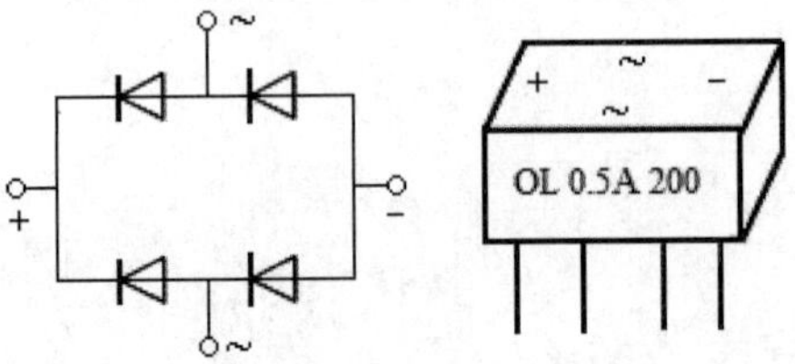

图 1.2.4-4　整流桥内部结构及外形

【例 1.1】有一单相桥式整流电路，交流输入电压为 220V，$R_L = 80\Omega$，要求输出电压 $U_o = 110V$，如何选用二极管？

解：负载电流：$I_o = \dfrac{U_o}{R_L} = \dfrac{110}{80} = 1.4A$

流过整流二极管的电流：$I_D = \dfrac{1}{2}I_o = 0.7A$

变压器二次侧电压：$U_2 = \dfrac{U_o}{0.9} = 122V$

二极管最高反向工作电压：$U_{RM} = \sqrt{2} \times 122V = 172V$

可选四只 2CZ12C 二极管，其最大整流电流为 1A，最高反向电压为 300V。

五、电容滤波电路

1. 电路组成

电容滤波电路的组成如图 1.2.5-1（a）所示。它是在整流电路的基础上，在负载两端并联电解电容器，利用电容器的充放电特性达到滤波的目的。

2. 工作原理

单相整流电路输出电压为脉动直流电压，含有较大的谐波分量。为降低谐波分量，使输出电压更加平稳，需要加滤波电路。

滤除脉动直流电压中交流分量的电路称为滤波电路，利用电容器的充放电特性可实现滤波。图 1.2.5-1（b）所示为电容滤波的原理波形图。

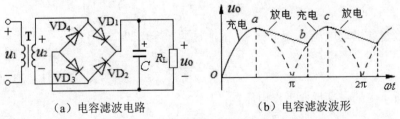

（a）电容滤波电路　　　　　　　　　（b）电容滤波波形

图 1.2.5-1　电容滤波电路及波形

当 u_2 为第一个正半周时，二极管 VD_1、VD_3 导通，电容 C 被充电。因二极管导通电阻很小，充电时间常数 $\tau = RC$ 小，电容两端的电压能跟随 u_2 的上升而逐渐升高，在 $\omega t = \dfrac{\pi}{2}$ 时刻，电容电压达到 u_2 的峰值 $\sqrt{2}U_2$。

在 $\omega t = \dfrac{\pi}{2}$ 以后，u_2 开始下降，电容器 C 通过负载电阻 R_L 放电。由于放电时间常数 $\tau = R_L C$ 很大，电容 C 通过负载 R_L 缓慢放电，电容器上的电压基本保持在 $\sqrt{2}U_2$ 不变，使 $u_2 < u_C$，四个二极管均处于反向截止状态，如图 1.2.5-1（b）中的 ab 段。

u_2 负半周时，当 u_2 上升到 $|u_2| > u_C$ 时 VD$_2$、VD$_4$ 导通，电容 C 又被充电，如图 1.2.5-1（b）中的 bc 段。

电容 C 如此周而复始进行充放电，负载上便得到近似如图 1.2.5-1（b）所示的锯齿波的输出电压。

电容滤波后，输出电压变化更加平滑，谐波分量大大减小，输出电压平均值得到提高。

3. 电容滤波电路输出直流电压的计算

由图 1.2.5-1（b）可知，整流电路加入电容滤波后，输出电压平均值得到提高。实际计算时，一般取：

半波整流电容滤波： $U_o \approx 1.0 U_2$ （1.2-7）

桥式整流电容滤波： $U_o \approx 1.2 U_2$ （1.2-8）

六、稳压二极管稳压电路

稳压二极管简称稳压管，是一种用特殊工艺制造的面接触型硅半导体二极管。稳压二极管具有以下特性：正常工作时工作在反向击穿状态，反向击穿后，在规定的使用电流范围内不会因击穿而损坏；稳压二极管反向击穿后，反向电流在一定范围内变化而两端电压基本维持不变，从而达到稳压的目的，故称为稳压管。

1. 稳压二极管的电路符号、伏安特性

稳压二极管的电路符号、文字符号如图 1.2.6-1（b）所示，伏安特性如图 1.2.6-1（c）所示。由伏安曲线可以看出，稳压管正向特性曲线和普通二极管相似，而它的反向特性与二极管不同。当反向电压小于击穿电压 U_Z（又称稳压管的稳定电压）时，反向电流极小；当反向电压增加到 U_Z 后，二极管被反向击穿，反向电流急剧增加，但其两端的电压基本不变，对应于反向特性曲线的 AB 段，称为击穿区。稳压管被反向击穿时，只要反向电流不超过允许范围，就不会发生热击穿而损坏。在实际应用电路中，为防止稳压管过流，必须串联一个适当的限流电阻后再接入电源。

2. 稳压管的主要参数

（1）稳定电压 U_Z。

U_Z 是稳压管反向击穿后，电流为规定值时稳压管两端的电压值。

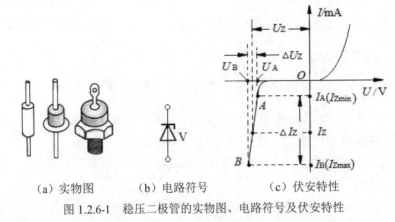

（a）实物图　　　（b）电路符号　　　（c）伏安特性

图 1.2.6-1　稳压二极管的实物图、电路符号及伏安特性

不同型号的稳压管其 U_Z 的范围不同，同种型号的稳压管也常因工艺上的差异而有一定的分散性，所以 U_Z 一般给出的是范围值，例如 2CW11 的 U_Z 在（3.2～4.5）V（测试电流为 10mA）。当然，二极管（包括稳压管）的正向导通特性也有稳压作用，但稳定电压只有（0.6～0.8）V，且随温度的变化较大，故一般不常用。

（2）稳定电流 I_Z。

I_Z 是指稳压管工作于稳压状态时的电流。

稳定电流有最大稳定电流 $I_{Z\max}$、最小稳定电流 $I_{Z\min}$ 和工作稳定电流 I_Z 之分。$I_{Z\max}$ 是稳压管正常工作时允许的最大工作电流，若流过稳压管的电流超过 $I_{Z\max}$，则稳压管将发热而损坏；$I_{Z\min}$ 是稳压管工作时的最小电流，若流过稳压管的电流小于 $I_{Z\min}$，稳压管没有稳定作用。稳压管的实际工作电流 I_Z 要大于 $I_{Z\min}$ 而小于 $I_{Z\max}$ 才能保证稳压管既能稳压又不至于热击穿而损坏。

（3）动态电阻 r_Z。

r_Z 是指稳压管工作在稳压区时端电压的微变量与电流的微变量之比，即 $r_Z = \dfrac{\Delta U_Z}{\Delta I_Z}$，$r_Z$ 越小，表明稳压管的稳压性能越好。

常见稳压二极管的参数参见附录三。

3. 稳压管稳压电路

（1）稳压电路的组成。

硅稳压管稳压电路如图 1.2.6-2 所示。稳压管 V 与负载电阻 R_L 并联，并联后与整流滤波电源连接时要串联一个限流电阻 R。

由于 V 与 R_L 并联，所以也称并联型稳压电路。

（2）稳压原理。

1）输入电压 U_I 保持不变，负载电阻 R_L 变化。

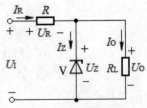

图 1.2.6-2　稳压二极管稳压电路

若负载电阻增大，输出电压 U_O 将升高，稳压管两端的电压 U_Z 上升，电流 I_Z 将迅速增大，流过 R 的电流 $I_R = I_L + I_Z$ 也增大，导致 R 上的压降 $U_R = I_R R$ 上升，从而使输出电压 $U_O = U_I - I_R R$ 下降。上述过程简单表述如下：

$$R_L \uparrow \longrightarrow U_O \uparrow \longrightarrow I_Z \uparrow \longrightarrow I_R \uparrow \longrightarrow U_R \uparrow$$
$$U_O \downarrow \longleftarrow \qquad\qquad\qquad$$

负载电阻 R_L 减小时，其工作过程与上述过程相反，U_O 仍然保持不变。

2）负载电阻 R_L 保持不变，电网电压下降导致 U_I 变化。

若输入电压 U_I 下降，输出电压 U_O 也将随之下降，稳压管的电流 I_Z 急剧减小，则在电阻 R 上的压降减小，以此来补偿 U_I 的下降，使输出电压 U_O 基本保持不变。上述过程简单表述如下：

$$U_I \downarrow \longrightarrow U_O \downarrow \longrightarrow I_Z \downarrow \longrightarrow I_R \downarrow \longrightarrow U_R \downarrow$$
$$U_O \uparrow \longleftarrow \qquad\qquad\qquad$$

如果输入电压 U_I 升高，使 U_O 增大时，其工作过程与上述相反，输出电压 U_O 仍保持基本不变。

由以上分析可知，硅稳压管稳压原理是利用稳压管两端电压 U_Z 的微小变化引起流过稳压管电流 I_Z 的较大变化，通过限流电阻 R 起电压调整作用，保证输出电压基本恒定，从而达到稳压目的。

稳压管稳压电路结构简单、调试方便，但输出电压受稳压管限制不能任意调整，稳定性能差，只能用在要求不高的小电流稳压电路中。

（3）电路元件参数选择。

稳压管稳压电路的设计首先选定交流输入电压和稳压二极管，然后确定限流电阻 R。

1）输入电压 u_i 的确定。

考虑电网电压的变化，u_i 可按下式选择：

$$u_i = (2 \sim 3)U_O \tag{1.2-9}$$

2）稳压二极管的选取。

稳压管的参数可按下式选取：

$$U_Z = U_O$$
$$I_{Z\max} = (2 \sim 3)I_{O\max} \tag{1.2-10}$$

3）限流电阻的确定。

当输入电压 U_I 上升 10% 且负载电流为零（即 R_L 开路）时，流过稳压管的电流不超过稳压管的最大允许电流 $I_{Z\max}$。

$$\frac{U_{I\max} - U_O}{R} < I_{Z\max} \qquad R > \frac{U_{I\max} - U_O}{I_{Z\max}} = \frac{1.1U_I - U_O}{I_{Z\max}}$$

当输入电压下降 10%且负载电流最大时，流过稳压管的电流不允许小于稳压管稳定电流的最小值 $I_{Z\min}$，即：

$$\frac{U_{I\max}-U_O}{R}-I_{O\max}>I_{Z\min} \qquad R<\frac{U_{I\min}-U_O}{I_{Z\min}-I_{O\max}}=\frac{0.9U_I-U_O}{I_{Z\min}+I_{O\max}}$$

故限流电阻选择应按下式确定：

$$\frac{U_{I\max}-U_O}{R}-I_{O\max}<R<\frac{U_{I\min}-U_O}{I_{Z\min}-I_{O\max}} \qquad (1.2\text{-}11)$$

【任务实施】

一、任务分析

1. 简易充电器电路原理图

输出电压 6V 的简易充电器电路原理图如图 1.3.1-1 所示。

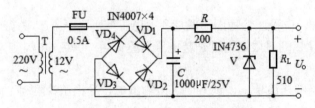

图 1.3.1-1　简易充电器电路原理图

2. 电路分析

（1）电源输入和保护电路。

图 1.3.1-1 所示的电路中，用外接电源线将 220V 单相交流电引入变压器的一次绕组，熔断器 FU 在电路中起短路保护作用。

（2）变压、整流电路。

图 1.3.1-1 所示的电路中，变压器 T 用于降压，将 220V 交流电变为交流 12V。二极管 VD_1～VD_4 构成整流电路，将变压器二次 12V 的交流电压变换成全波脉动直流电。

（3）滤波、稳压电路。

图 1.3.1-1 所示的电路中，电容 C 为滤波元件，将脉动直流电变为平滑的直流电。电阻 R 以及稳压管 V 构成稳压电路，其中电阻 R 起限流、电压调整作用，稳压管起稳定输出电压的作用。

3. 电路主要技术参数与要求

输入电压：220V/50Hz±10%

输出电压：6V

输出电流：10mA

4. 电路元器件的参数及作用

简易充电器电路元器件的参数及作用如表 1-1 所示。

表 1-1　简易充电器电路元器件的参数及作用

序号	元器件代号	名称	型号及参数	作用
1	FU	熔断器	0.5A	短路保护
2	T	变压器	220V/12V	变换电压
3	$VD_1 \sim VD_4$	二极管	IN40001	整流
4	C	电容器	CD11-25V-1000μF	滤波
5	R	限流电阻	RJ-0.5W-200Ω	限流、电压调整
6	V	稳压管	IN4736	稳压
7	R_L	负载电阻	RJ-0.5W-510Ω	负载

二、任务实施

1. 电路装配准备

（1）制作工具与仪器。

焊接工具：电烙铁（20～35W）、烙铁架、焊锡丝、松香。

制作工具：尖嘴钳、平口钳、镊子、剪刀。

测试仪器仪表：万用表、示波器。

（2）印刷电路板的检查。

稳压电路的印刷电路板如图 1.3.2-1 所示。

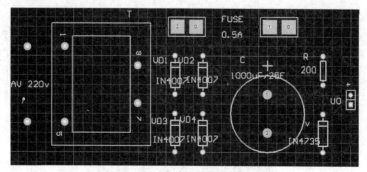

图 1.3.2-1　电路装配印刷电路板图

1）印制板板面应平整，无严重翘曲，边缘整齐，无明显碎裂、分层及毛刺，表面没有被腐蚀的铜箔，线路面有可焊的保护层。

2）导线表面光洁，边缘无影响使用的毛刺和凹陷，导线不应断裂，相邻导线不应短路。

3）焊盘与加工孔中心应重合，外形尺寸、导线宽度、孔径位置尺寸应符合设计要求。

2. 元器件的检测

（1）二极管的识别与检测。

1）识别方法。

从外观上识别二极管的阳、阴极。

二极管有标志圆环的一端为阴极，如图 1.3.2-2 所示。

2）检测方法。

使用万用表欧姆挡测量二极管正、反向电阻，可判别二极管

图 1.3.2-2　二极管的识别

的极性和质量的好坏。

具体方法如下：指针式万用表置于 $R\times100$ 或 $R\times1K$ 挡，两表笔任意连接二极管两引脚，测量一次电阻值；然后交换表笔，再测量一次电阻值，如图 1.3.2-3 所示。如果两次测量的阻值出现一大一小的显著区别，则说明二极管质量良好。阻值小的为正向电阻，此时黑表笔接的电极是二极管的阳极，阻值大的为反向电阻。

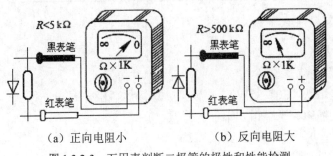

（a）正向电阻小　　　　（b）反向电阻大

图 1.3.2-3　万用表判断二极管的极性和性能检测

（2）电容器的识别与检测。

1）识别方法。

电容器分为有极性电容器和无极性电容器。有极性电容器一般为容量较大的电解电容器，其负极（−）在电容器的外壳上标注。另外电解电容器的极性也可根据引脚线的长短来区别，引脚线长的为正极，引脚线短的为负极，无极性电容器引脚无正负之分，如图 1.3.2-4 所示。

图 1.3.2-4　电容器的识别

电容器容量的标识方法有以下两种：

● 直标法：将电容器的容量、耐压及误差直接标注在电容上。通常电解电容器就使用直

标法。直标法还有一种是用表示数量的字母 m（10^{-6}）、n（10^{-9}）和 p（10^{-12}）加上数字组合表示。例如，4n7 表示 4.7×10^{-9} F=4700pF，47n 表示 47×10^{-9} F= 47000pF=0.047mF，6p8 表示 6.8pF。另外，有时在数字前冠以 R，如 R33，表示 0.33mF；有时用大于 1 的四位数字表示，单位为 pF，如 2200 表示 2200pF；有时用小于 1 的数字表示，单位为 mF，如 0.22 为 0.22mF。

● 数码法：无极性电容器的容量通常用数码法表示，用 3 位数字来表示容量的大小，单位为 pF。前两位为有效数字，第三位表示倍率，即乘以 10^n，n 的取值范围是 1～9，但 9 表示 10^{-1}。例如，333 表示 33×10^3pF，229 表示 22×10^{-1}=2.2pF。这种表示法最为常见。

2）检测方法。

用万用表欧姆挡测量电解电容器绝缘电阻的方法可以确定电解电容器的极性。用万用表正、负表笔交换来测量电容器的绝缘电阻，绝缘电阻大的一次黑表笔接的就是正极，另一极是负极，如图 1.3.2-5 所示。

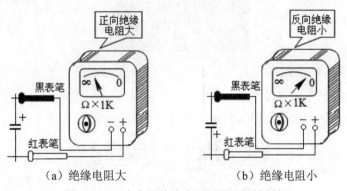

（a）绝缘电阻大　　　　　　　（b）绝缘电阻小

图 1.3.2-5　电容器绝缘电阻测量及极性判断

电容器质量主要是判断电容器是否击穿或断路。用万用表的 $R\times10K$ 挡（电解电容器用 $R\times1K$），黑表笔接正极，表针先向 R 为零的方向摆去，然后又向 R 为 ∞ 的方向退回，表针稳定后的阻值就是电容器的绝缘电阻，一般为几十兆欧以上（电解电容器在几兆欧以上），如图 1.3.2-6 所示。绝缘电阻远小于上述数值，说明电容器漏电；若绝缘电阻为零或接近于零，说明电容器击穿。

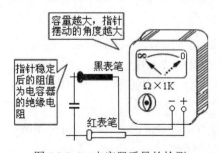

图 1.3.2-6　电容器质量的检测

容量在 0.047μF 以上的电容器，用万用表 $R×10$ K 挡测量时，如果表针不向 R 为零的方向摆动，说明电容器内部断路。

容量在 5100pF～0.047μF 的电容器，用万用表 $R×10$ K 挡测量时，表针只会稍微向右摆动，随即退回∞处，说明电容器是好的。

容量在 5100pF 以下的小容量电容器，用 $R×10$ K 挡测量时，由于电容量太小，充电时间极短，表针不会摆动，不能误作内部开路。

（3）电阻器的标识与检测。

1）标识方法。

在结构上，电阻器分为固定电阻器、可变电阻器；在组成材料上，电阻器分为碳膜电阻器、金属膜电阻器和绕线电阻器。常用的金属膜电阻器外形如图 1.3.2-7 所示。

图 1.3.2-7　电阻的识别

电阻器阻值的表示方法有以下两种：

● 直标法：将电阻器的阻值用数字直接标注在电阻体上，如图 1.3.2-8 所示。

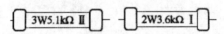

图 1.3.2-8　电阻值的直标法

● 色标法：用不同颜色的色环在电阻表面标出标称阻值和误差。色环电阻有 4 色环（普通电阻）和 5 色环（精密电阻）两种，其表示方法如图 1.3.2-9 所示。

例如，电阻器上的色环依次为绿、黑、橙、无色，则表示 $50×1000=50$ kΩ ± 20%；又如色环依次为棕、蓝、绿、黑、棕，则表示 165Ω ± 1%的电阻器。

2）检测方法。

固定电阻器的检测是通过测量其阻值，看是否与其标称值一致或相近。

用万用表测量固定电阻器时要注意：测量前，应先欧姆调零，且每次换挡位后要重新调零；测量电阻器的阻值时，要选择合适的电阻挡位，使指针指示在刻度盘的中间区域附近；测量时不要将手搭接在电阻器两引脚之间，如图 1.3.2-10 所示。

（4）熔断器的识别与检测。

熔断器可以用万用表欧姆挡做简单检测，正常时熔断器两端的电阻为 0Ω，若测得的电阻阻值为无穷大，表明熔断器已经烧断。

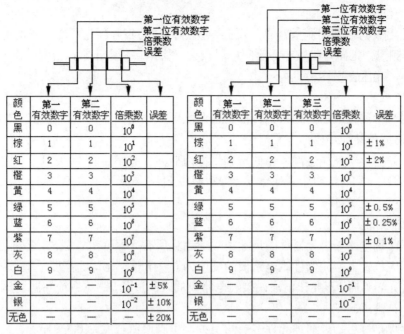

颜色	第一有效数字	第二有效数字	倍乘数	误差
黑	0	0	10^0	
棕	1	1	10^1	
红	2	2	10^2	
橙	3	3	10^3	
黄	4	4	10^4	
绿	5	5	10^5	
蓝	6	6	10^6	
紫	7	7	10^7	
灰	8	8	10^8	
白	9	9	10^9	
金	—	—	10^{-1}	±5%
银	—	—	10^{-2}	±10%
无色	—	—	—	±20%

颜色	第一有效数字	第二有效数字	第三有效数字	倍乘数	误差
黑	0	0	0	10^0	
棕	1	1	1	10^1	±1%
红	2	2	2	10^2	±2%
橙	3	3	3	10^3	
黄	4	4	4	10^4	
绿	5	5	5	10^5	±0.5%
蓝	6	6	6	10^6	±0.25%
紫	7	7	7	10^7	±0.1%
灰	8	8	8	10^8	
白	9	9	9	10^9	
金	—	—	—	10^{-1}	
银	—	—	—	10^{-2}	

（a）四环电阻阻值表示法   （b）五环电阻阻值表示法

图 1.3.2-9   色环电阻阻值表示法

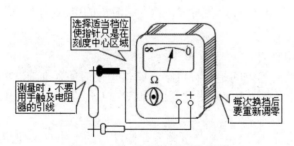

图 1.3.2-10   电阻检测注意事项

（5）稳压二极管的识别与检测。

1）识别方法。

稳压管和普通二极管都具有单向导电性质，而且有些二极管和稳压二极管外形相似，所以仅仅靠观察外形有时很难加以区别，只能使用可调直流电源通过测试电路测量反向击穿电压的方法进行识别。对于稳压值小于9V的稳压管，可利用万用表的电阻挡来区分是稳压管还是普通二极管。

具体方法是，首先用 $R×1k$ 挡测量正、反向电阻，确定被测管的正、负极；然后将万用表拨至 $R×10k$ 挡，黑表笔接负极，红表笔接正极，由表内 9～15V 叠层电池提供反向电压，其中电阻读数较小的是稳压管，电阻为无穷大的是二极管。

2）检测方法。

可使用万用表的欧姆挡测量其正、反向电阻的方法初步判断稳压二极管的好坏。用低阻挡（$R \times 1K$）测量，正向电阻较小，反向电阻较大，稳压管基本正常；否则，正、反向电阻均较大或均较小，稳压管损坏。

3. 电路板装配

元件识别与检测完成后，如果元件都正常，就可以开始在印刷电路板上安装元件了。

（1）电路元件装配步骤。

电路板上元器件装配应遵循"先低后高、先内后外、先小后大"的原则。先安装电阻 R、R_L、二极管 $VD_1 \sim VD_4$、稳压二极管 V、熔断器座 FU，后安装电解电容器 C，电源变压器 T 不安装在电路板上，可外接。

（2）电路装配工艺要求。

● 根据印刷电路板上元器件的尺寸用尖嘴钳将所有元器件进行成形，正确装入印刷电路板相应位置上，元器件距电路板的高度为 0～1mm，元件的高度平整、一致。

● 焊接元器件时，不要让电烙铁接触电路板的时间过长，避免铜箔高温脱落。严禁错焊、漏焊、虚焊。

● 元件焊接好后，要剪掉元件多余的引脚，引脚保留长度为 0.5～1mm。

4. 电路测试与调整

（1）电路测试与调整的步骤。

先测试变压器的二次电压 U_2，再测试整流、滤波后的电压 U_3，最后测试稳压后的输出电压 U_O。

（2）电路测试与调整的方法。

1）仔细检查元器件及焊点间是否有短路，确认无误后通入交流 220V 电源。

2）用万用表交流电压挡（50V）测量变压器二次电压 U_2，正常为 12V 左右。将测量值填入表 1-2 中。

3）用万用表直流电压挡（50V）测量整流、滤波后的电压 U_3，正常值约为 $1.2U_2$。将测量值填入表 1-2 中。

4）用万用表直流电压挡（50V）测量输出电压 U_O，正常值为 6V 左右。将测量值填入表 1-2 中。

表 1-2　电源电路的关键点测试数据记录表

关键检测点	实测电压值（检测时填写）
变压器 T 初级线圈两端	220V
变压器 T 次级线圈两端	
滤波电容器 C 两端	
稳压二极管两端	

5）电路关键点数据正常后，用示波器观测 U_2、U_3、U_O 的波形。

6）总结直流稳压电源的作用。

三、任务评价

本任务的考评点及所占分值、考评方式、考评标准及本任务在课程考核成绩中的比例如表 1-3 所示。

表 1-3　简易充电器电路制作评价表

序号	考评点	分值	考核方式	评价标准			成绩比例（%）
				优	良	及格	
一	任务分析	20	教师评价（50%）+互评（50%）	通过资讯，能熟练掌握并联型稳压电路的组成、工作原理，掌握电路元器件的功能，能分析、计算电路参数指标	通过资讯，能掌握并联型稳压电路的组成、工作原理，掌握电路元器件的功能，了解电路参数指标	通过资讯，能分析并联型稳压电路的组成、工作原理，了解电路元器件的功能	
二	任务准备	20	教师评价（50%）+互评（50%）	能正确使用仪器仪表识别、检测整流二极管、电解电容器、电阻器、稳压管等元器件，制定详细的安装制作流程与测试步骤	能正确使用仪器仪表识别、检测整流二极管、电解电容器、电阻器、稳压管等元器件，制定基本的安装制作流程与测试步骤	能正确识别、检测整流二极管、电解电容器、电阻器、稳压管等元器件，制定大致的安装制作流程与测试步骤	
三	任务实施	25	教师评价（40%）+互评（60%）	元器件成形尺寸准确，器件安装布局美观，焊接质量可靠、焊点规范、一致性好，能用万用表、示波器测量、观看关键点的数据和波形，能准确迅速排除电路的故障，电路调试一次成功	元器件成形尺寸准确，器件安装布局美观，焊接质量可靠，焊点规范、一致性好，能用万用表、示波器测量、观看关键点的数据和波形，能准确排除电路的故障，电路调试一次成功	元器件成形尺寸有一定误差，器件安装布局美观，焊接质量可靠，焊点较规范，能用万用表、示波器测量、观看关键点的数据和波形，能排除电路的故障，电路经过调试后能成功	15
四	任务总结	15	教师评价（100%）	有完整、详细的充电器电路的任务分析、实施、总结过程记录，并能提出电路改进的建议	有完整的充电器电路的任务分析、实施、总结过程记录，并能提出电路改进的建议	有完整的充电器电路的任务分析、实施、总结过程记录	
五	职业素养	20	教师评价（30%）+自评（20%）+互评（50%）	工作积极主动、仔细认真；遵守工作纪律，服从工作安排；遵守安全操作规程，爱惜器材与测量仪器仪表，节约焊接材料，不乱扔垃圾，工作台和环境卫生清洁	工作积极主动；遵守工作纪律，服从工作安排；遵守安全操作规程，爱惜器材与测量仪器仪表，节约焊接材料，不乱扔垃圾，工作台和环境卫生清洁	遵守工作纪律，服从工作安排；遵守安全操作规程，爱惜器材与测量仪器仪表，节约焊接材料，不乱扔垃圾，工作台卫生清洁	

四、知识总结

（1）直流稳压电源由降压、整流、滤波、稳压电路组成。

（2）整流电路是利用二极管的单向导电性把交流电变为脉动直流电。

（3）滤波电路是利用电容器"通交流隔直流"的特点把整流后的脉动直流电变为较平稳的直流电。

（4）并联型稳压电路是利用稳压二极管的稳压特性把不稳定的直流电变为较稳定的直流电。

【知识拓展】

一、二极管的其他应用

1. 限幅电路

利用二极管导通后压降很小且基本不变的特性可组成限幅（削波）电路，用来限制输出电压的幅度。

图 1.4.1-1（a）所示为单向限幅电路，图（b）所示为单向限幅电路输出波形。分析限幅电路时，仍然把二极管看成理想元件。

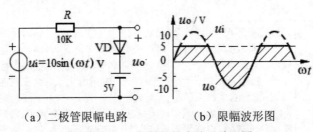

（a）二极管限幅电路　　　　（b）限幅波形图

图 1.4.1-1　二极管限幅电路及波形图

u_i 正半周时，正弦电压的瞬时值小于 5V，二极管 VD 截止，输出电压 $u_o = u_i$；正弦电压的瞬时值大于 5V 时，二极管 VD 导通，其管压降为零，输出电压为直流电源电压 $u_o = 5V$。

在 u_i 的负半周，正弦电压为负值，二极管 VD 截止，输出电压 $u_o = u_i$。

2. 钳位电路

钳位电路的作用是将输出电压钳制在一定数值上。

二极管钳位电路如图 1.4.1-2 所示。二极管 VD_1、VD_2 的阳极 a_1、a_2 电位相同，当二极管 VD_1 输入端电位为1V，二极管 VD_2 输入端电位为0V 时，由于二极管 VD_1 两端的电压差大，VD_1 优先导通。二极管 VD_1 导通后，忽略二极管的管压降，则 a_1、a_2 的电位与 b_1 点电位相同（1V），此时二极管 VD_2 因承受反向电压而截止，输出端被钳位在 1V。

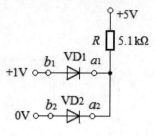

图 1.4.1-2 二极管钳位电路

二、其他二极管及其应用

1. 发光二极管

发光二极管（LED）是一种把电能变成光能的特殊二极管，其符号和外形如图 1.4.2-1 所示。

发光二极管由磷化镓、砷化镓等化合物半导体材料制成，当外加正向电压使正向电流足够大时，发光二极管就会发光，其发光颜色决定于所用的材料，目前有红、绿、黄、橙等颜色。

发光二极管的导通电压比普通二极管大，一般为 1.7～2.4V，工作电流为 5～20mA。应用时加正向电压并应接入相应的限流电阻。

发光二极管的驱动电路如图 1.4.2-2 所示，图中电阻 R 为限流电阻。

$$R = \frac{U - U_D}{I_D}$$

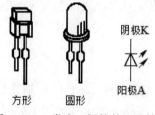

图 1.4.2-1 发光二极管外形及符号

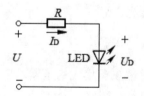

图 1.4.2-2 发光二极管驱动电路

发光二极管具有体积小、工作电压低、工作电流小、发光均匀稳定且亮度较高、响应速度快及使用寿命长等优点，广泛应用于各种显示和光电转换电路中。

使用时应特别注意不要超过最大功率、最大正向电流和反向击穿电压等极限参数。

2. 光电二极管

（1）光电二极管的结构和符号。

光电二极管又叫光敏二极管，是一种将光信号转换为电信号的特殊二极管，外形和电路符号如图 1.4.2-3 所示。

与普通二极管一样，光电二极管也是由一个 PN 结构成，但是它的 PN 面积较大，其管壳上开有一个嵌着玻璃的窗口来接收入射光。

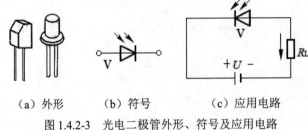

（a）外形　　　（b）符号　　　（c）应用电路

图 1.4.2-3　光电二极管外形、符号及应用电路

（2）光电二极管的工作原理。

光电二极管工作时需要加反向偏置。在无光照射时和普通二极管一样，反向电流很小（一般小于 0.1μA），该电流称为暗电流，反向电阻高达几十兆欧。当有光照时，产生电子－空穴对（称为光生载流子），在反向电压的作用下形成比无光照时大得多的反向电流，称为光电流。此时光电二极管的电阻只有几千欧至几十千欧，光电流的大小与光照强度成正比。如果外电路接上负载，便可获得随光照强弱而变化的电信号，如图 1.4.2-3（c）所示。

（3）光电二极管的主要参数。

- 最高工作电压 U_{RM}：光电二极管在无光照的条件下，反向电流不超过 100mA 时所能承受的最高反向电压。
- 暗电流 I_D：光电二极管在无光照的条件下，在最高反向电压作用下的反向电流。
- 光电流 I_L：光电二极管在有光照时所产生的光电流。

光电二极管可用于光测量、光电自动控制、光纤通信等方面。大面积 PN 结的光电二极管可作为微型光电池。

三、三端集成稳压器

三端稳压器属于集成稳压器。三端稳压器只有三个引脚：输入端、输出端和公共端，使用十分方便可靠，因此最为常用。常见的三端稳压器的外形及引脚排列如图 1.4.3-1 所示。

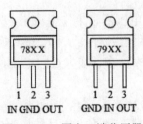

图 1.4.3-1　固定三端稳压器

1. 三端固定输出式集成稳压器系列

固定输出式三端稳压器输出电压有正、负之分。通用产品有 CW78XX 系列（输出正电压）

和 CW79XX 系列（输出负电压）。

根据国家标准 GB3430－82，其型号的意义如下：

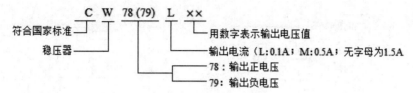

CW78XX 系列和 CW79XX 系列输出电压均有 5V、6V、9V、12V、15V、18V、24V 共 7 个档次。CW78XX 系列和 CW79XX 系列管脚功能有较大差异，这一点需要注意。

CW78XX 系列的 1 脚为输入端，2 脚为公共端，3 脚为输出端；CW79XX 系列的 1 脚为公共端，2 脚为输入端，3 脚为输出端。

2. 三端固定输出稳压器的应用电路

（1）基本应用电路。

图 1.4.3-2 所示的电路是 CW78XX 系列组成的输出固定正电压的稳压电路。输入电压接 1、2 端，由 3、2 端输出稳定的直流电压。

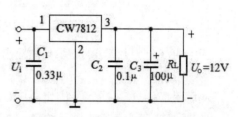

图 1.4.3-2　CW7800 基本应用电路

为使电路正常工作，要求输入电压 U_I 比输出电压 U_O 至少大 2.5～3V。电容 C_1 用作抵消长接线时的电感效应，防止自激振荡，减少输入电压 U_I 中的交流分量还有抑制输入过电压的作用，一般取 0.1～1μF；C_2 具有消除高频噪声及振荡的作用，并能改善负载的暂态响应；C_3 为较大容量的电解电容，用来滤除低频干扰和改善负载特性。

此电路十分简单，根据需要可选择不同型号的集成稳压器，如需要 12V 直流电压时可用 CW7812 型号的稳压器。

（2）提高输出电压的稳压电路。

当实际需要电压超过集成稳压器规定值时，可外接适当元件来提高输出电压。如 CW78XX 系列，最大输出电压为 24V，当负载所需电压高于此值时，可采用图 1.4.3-3 所示的电路。

图 1.4.3-3（a）所示的电路，R_1 两端电压为集成稳压器额定电压 U_{XX}，I_Q 为 CW78XX 系列稳压器的静态电流，最大可达 8mA。由图可得整个稳压器的输出电压 U_O 为：

$$U_O = U_{XX} + (I_{R1} + I_Q)R_2 = U_{XX} + \left(\frac{U_{XX}}{R_1} + I_Q\right)R_2 = \left(1 + \frac{R_2}{R_1}\right)U_{XX} + I_Q R_2 \qquad (1.4-1)$$

当 $I_{R1} \gg I_Q$ 时（一般取 $I_{R1} \geqslant 5I_Q$）即可忽略 $I_Q R_2$ 的影响，则：

$$U_O \approx \left(1 + \frac{R_2}{R_1}\right)U_{XX} \qquad (1.4-2)$$

可见，只要选择合适的 R_2/R_1，即可将输出电压提高到所需的数值。该电路的缺点是当输入电压发生变化时，I_Q 也要变化，将影响稳压器的精度。

图 1.4.3-3（b）所示的电路，靠接入稳压管来提高输出电压。

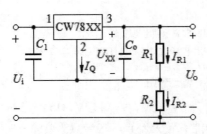 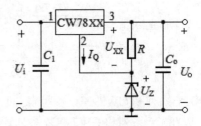

（a）接入电阻提高输出电压　　　　（b）接入稳压管提高输出电压

图 1.4.3-3　提高输出电压的稳压电路

图中的 U_{XX} 为 CW78XX 系列的输出电压值，显然有：

$$U_O = U_{XX} + U_Z \qquad\qquad (1.4\text{-}3)$$

从而使 U_O 比 U_{XX} 提高了固定电压 U_Z。

（3）具有正、负输出电压的稳压电路。

在电子电路中，常常需要同时输出正、负电压的双向直流稳压电源。图 1.4.3-4 所示的电路是由 CW78XX 和 CW79XX 系列集成稳压器以及共用的整流滤波电路组成的具有共同的公共端，可同时输出正、负两种电压的稳压电路。

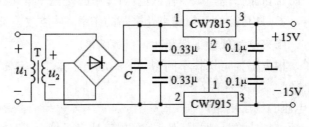

图 1.4.3-4　输出正、负电压的稳压电路

【任务训练】

一、填空题

1. P 型半导体主要靠_____导电，N 型半导体主要靠_____导电。

2. PN 结和二极管具有_____导电性，即外加_____电压导通，外加_____电压截止。

3. 常温下，硅二极管的死去电压约为_____ V，二极管导通后的管压降约为_____ V。

4. 整流电路是利用二极管的_____性把交流电变为_____。

5. 桥式整流电路接入滤波电容 C 后，输出的直流电压比未接滤波电容 C 时要_____，二极管的导通角_____。

6. 三端集成稳压器按输出电压极性分，有_____、_____三端集成稳压器两种类型，CW7805 属于_____式三端集成稳压器，CW7912 属于_____式三端集成稳压器。

二、选择题

1. 本征半导体中的自由电子浓度（　　）空穴浓度。
   A．大于　　　　　　　　B．小于　　　　　　　　C．等于

2. 在掺杂半导体中，多子的浓度主要取决于（　　）。
   A．温度　　　　　　　　B．材料　　　　　　　　C．掺杂工艺　　　　　D．掺杂浓度

3. 在掺杂半导体中，少子的浓度受（　　）的影响很大。
   A．温度　　　　　　　　B．掺杂工艺　　　　　　C．掺杂浓度

4. 在掺杂半导体中，多子的浓度越高，少子的浓度越（　　）。
   A．高　　　　　　　　　B．低　　　　　　　　　C．不变

5. PN 结加正向电压时，空间电荷区将（　　）。
   A．变窄　　　　　　　　B．基本不变　　　　　　C．变宽

6. 二极管的正向电压降一般具有（　　）温度系数。
   A．正　　　　　　　　　B．负　　　　　　　　　C．零

7. 稳压管通常工作于（　　）来稳定直流输出电压。
   A．截止区　　　　　　　B．正向导通区　　　　　C．反向击穿区

8. 整流电路加电容滤波后，输出的直流电压会（　　）。
   A．升高　　　　　　　　B．降低　　　　　　　　C．不变

9. 用万用表的电阻挡测量二极管的正反向电阻，若正反向电阻均很小，说明二极管（　　）。
   A．短路　　　　　　　　B．开路　　　　　　　　C．正常

10. 由稳压二极管组成稳压电路时，应（　　）一个阻值适当的限流电阻。
    A．串联　　　　　　　　B．并联　　　　　　　　C．混联

11. 要获得+9V 的稳定电压，集成稳压器的型号应选用（　　）。
    A．CW7812　　　　B．CW7909　　　　C．CW7912　　　　D．CW7809

三、判断题

1. 因为 N 型半导体的多子是自由电子，所以它带负电。　　　　　　　　　（　　）
2. PN 结在无光照、无外加电压时，结电流为零。　　　　　　　　　　　（　　）
3. 二极管两端只要加正向电压，二极管就会导通。　　　　　　　　　　　（　　）
4. 光电二极管与普通二极管一样，只有外加正向电压才会导通。　　　　　（　　）

5．用万用表的欧姆挡测量电解电容器的绝缘电阻可初步判断电容器的好坏。　（　）

四、电路分析和计算

1．电路如练习题 1 图所示，稳压管的稳定电压 $U_Z = 3V$，R 的取值合适，u_i 的波形如图（c）所示。试分别画出 u_{o1} 和 u_{o2} 的波形。

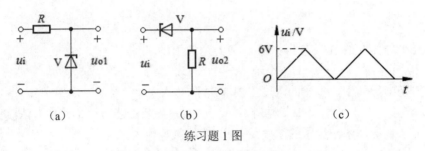

（a）　　　　　（b）　　　　　（c）

练习题 1 图

2．电路如练习题 2 图所示。假设电路中的二极管为理想二极管，试判断电路中的二极管是导通还是截止，并求出 A、B 两点之间的电压 U_{AB} 值。

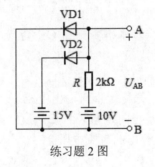

练习题 2 图

3．已知桥式整流电容滤波电路的交流电源电压 u_1=220V，负载电阻 $R_L = 40\Omega$，若要求输出直流电压为 24V，试求：

（1）流过每个二极管的电流。

（2）电源变压器副边绕组的电压和电流。

2

简易助听器电路分析与制作

【任务描述】

放大电路是电子电路中一种最常见的电路。收音机中的放大电路，把空中微弱的无线电信号放大，驱动喇叭发出声音；扩音器中的放大电路，能够把麦克风输出的微弱音频信号放大，驱动喇叭发出声音。本任务通过制作一款助听器电路来学习放大电路的组成、原理和分析放大方法。

一、任务目标

1. 知识目标

（1）了解助听器电路的基本组成及主要性能指标。

（2）熟悉三极管的结构、符号、分类、特性和参数。

（3）掌握三极管基本放大电路的基本组成、原理及分析方法。

（4）理解负反馈放大电路的工作原理及作用。

（5）了解多级放大器级间耦合方式。

2. 技能目标

（1）能查阅三极管、传声器等器件资料。

（2）能检测并正确选用三极管、传声器等器件。

（3）能安装多级放大电路。

（4）能使用仪器仪表调试放大电路。

二、任务学习情境

助听器电路的分析与制作

名称	助听器电路的分析与制作
内容	根据给定电路的结构与参数制作、调试助听器电路 （电路图）
要求	1. 熟悉电路各元件的作用 2. 根据电路参数进行元器件的检测 3. 进行电路元件的安装 4. 进行电路参数测试与调整 5. 撰写电路制作报告

【相关知识】

一、放大电路的基本知识

1. 放大的概念

电子技术中的放大是指把微弱的电信号利用三极管等有源器件控制作用，将直流电源提供的能量转换为与输入信号成正比的输出信号。日常生活中使用的扩音器就是放大电路的一个具体应用，其原理图如图 2.2.1-1 所示。

图 2.2.1-1 扩音器原理示意图

话筒（麦克风）将较小的声音信号转换成微弱的音频电信号，经放大电路放大后变成功率较大的电信号，推动扬声器（喇叭）还原为声音信号，扬声器获得的能量远大于话筒送出的能量。

因此，电子技术中放大的基本特征是功率放大，即负载上获得比输入信号大得多的电压或电流，有时兼而有之。

2. 放大电路的主要性能指标

放大电路的性能指标是衡量放大电路性能好坏的主要技术参数。放大电路的主要性能指标有：

（1）电压放大倍数 A_u。电压放大倍数是指放大电路输出电压与输入电压的变化量之比，即：

$$A_u = \frac{u_o}{u_i}$$

（2）输入电阻 r_i。当输入信号电压加到放大器的输入端时，放大器就相当于信号源的一个负载，这个负载电阻也就是放大器本身的输入电阻，它相当于从放大器输入端看进去的等效交流电阻，即：

$$r_i = \frac{u_i}{i_i}$$

（3）输出电阻 r_o。从放大电路的输出端看进去的等效交流电阻 r_o 称为放大器的输出电阻。

3. 放大电路的分类

放大电路的类型很多，主要可以分为以下几类：

（1）根据放大元器件的不同，放大电路分为分立元件放大电路和集成放大电路。

（2）根据放大的信号不同，可分为电压放大电路、电流放大电路和功率放大电路。

（3）根据放大电路的结构不同，可分为共射放大电路、共基放大电路和共集电极放大电路。

二、三极管

三极管又称晶体三极管、半导体三极管，由于它有两种载流子参与导电，还称为双极型三极管（BJT）。三极管具有电流放大作用，是组成放大电路的核心元件，其常见的外形结构如图 2.2.2-1 所示。

图 2.2.2-1 三极管常见外形

1. 三极管的结构与分类

尽管三极管的种类很多，但它们的基本结构和工作原理是基本相同的。

（1）三极管的内部结构与电路符号。

三极管的内部结构示意图、电路符号、文字符号如图 2.2.2-2 所示。它由三层不同性质的半导体组合而成，按半导体的组合方式不同，可将其分为 NPN 型和 PNP 型。

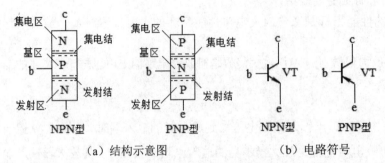

（a）结构示意图　　　　　　　　（b）电路符号

图 2.2.2-2　三极管的结构和符号

无论是 NPN 型管还是 PNP 型管，它们内部均有三个区：发射区、基区、集电区。从三个区各引出一个电极，分别称为发射极（e）、基极（b）和集电极（c）。

三个区的两个交界处形成两个 PN 结：发射区与基区之间的 PN 结称为发射结，集电区与基区之间的 PN 结称为集电结。

电路符号中的箭头表示发射结正向偏置时的电流方向，箭头向外的是 NPN 型三极管，箭头向里的是 PNP 型三极管。

制作三极管时，各区的制作工艺要求如下：

● 基区很薄且掺杂浓度很低。

● 发射区掺杂浓度很高，与基区相差很大。

● 发射区的掺杂浓度比集电区高，而集电区尺寸比发射区大。

发射区与集电区虽是同型半导体，但两者并不对称，使用时 e、c 两极不能互换。这些工艺结构特点是三极管具有电流放大作用的内部条件。

（2）三极管的分类。

1）按其结构类型分为 NPN 管和 PNP 管。

2）按其制作材料分为硅管和锗管。

3）按功率分为大功率管、中功率管、小功率管。

4）按工作频率分为高频管和低频管。

2. 三极管的电流放大作用

（1）三极管电流放大的外部条件。

为使三极管具有电流放大作用，除具备上述内部条件外，还应具备适当的外部条件，即要求外加电源时保证发射结正向偏置、集电结反向偏置。对 NPN 型三极管来说,应使 $U_B > U_E$,$U_C > U_B$;对 PNP 管来说,应使 $U_B < U_E$,$U_C < U_B$。不同类型三极管组成放大电路时,外加直流电源的连接方式如图 2.2.2-3 所示。

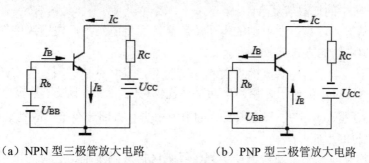

（a）NPN 型三极管放大电路　　　　（b）PNP 型三极管放大电路

图 2.2.2-3　　三极管电流放大的外部条件

在图 2.2.2-3 中,基极电阻 R_b 与电源 U_{BB} 组成基极偏置电路,使发射结正向偏置;集电极电阻 R_C 与电源 U_{CC} 组成集电极电路,使集电结反向偏置。

输入信号从基极、发射极间输入,放大后的信号从集电极和发射极间输出,发射极是输入和输出信号的公共端,故称这种电路为共发射极电路。

（2）三极管内部载流子的运动规律。

虽然 NPN 型和 PNP 型三极管结构不同,但其内部载流子的运动规律是相同的。下面以 NPN 型三极管为例来分析三极管内部载流子的运动规律。

NPN 型三极管外加偏置电压后,其内部载流子的运动规律如图 2.2.2-4 所示。

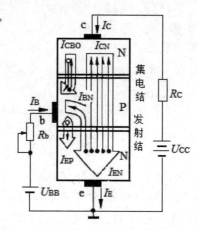

图 2.2.2-4　三极管内部载流子运动示意图

1）发射区向基区注入电子。

由于发射结外加正向电压,在正向电压作用下,发射区的多数载流子（电子）不断通过发射结扩散到基区，为保持发射区内载流子浓度平衡，外电源经发射极向发射区补充电子，形成发射极电流 I_{EN}；同时，基区的空穴也会扩散到发射区，形成空穴电流 I_{EP}。由于基区的杂质浓度很低，与从发射区来的电子流相比，I_{EP} 可忽略不计。

2）电子在基区中的扩散与复合。

电子扩散到基区后，靠近发射结的电子浓度高，而集电结附近电子浓度低，在浓度差的作用下，电子向集电结的方向扩散。

在扩散过程中，电子会与基区的空穴相遇而复合，为补充基区因复合而消失的空穴，电源 U_{BB} 不断地从基区拉走价电子，相当于向基区提供空穴，这就形成了基极电流 I_B。由于基区很薄，且空穴浓度较低，电子与空穴复合的数量很少，大部分电子扩散到集电结附近。

3）集电极电流的形成。

因集电结外加反向电压，使内电场加强，经基区扩散到集电结边缘的电子在集电结内电场作用下越过集电结而进入集电区；同样，为保持集电区内载流子浓度的平衡，外电源 U_{CC} 使大量电子经过集电极释放，形成集电结电流 I_{CN}，它基本等于集电极电流 I_C。

此外，由于集电结为反偏电压，基区中的少数载流子（电子）和集电区的少数载流子（空穴）在反向电压的作用下形成反向漂移电流，称为反向饱和电流 I_{CBO}，如图 2.2.2-4 所示。I_{CBO} 取决于少数载流子的浓度，数值很小，但受温度影响较大，容易使管子工作不稳定，所以在制造过程中要尽量设法减小 I_{CBO}。

由内部载流子的运动分析，可以得到三极管中各极电流之间的关系为：

$$I_B = I_{BN} - I_{CBO} \approx I_{BN} \tag{2.2-1}$$

$$I_C = I_{CN} + I_{CBO} \approx I_{CN} \tag{2.2-2}$$

$$I_E \approx I_{BN} + I_{CN} \tag{2.2-3}$$

（3）三极管中的电流分配关系。

1）电流 I_B、I_C、I_E 之间的关系。

将式（2.2-1）及式（2.2-2）代入式（2.2-3），得：

$$I_E \approx (I_B + I_{CBO}) + (I_C - I_{CBO}) = I_B + I_C \tag{2.2-4}$$

式（2.2-4）说明，三极管发射极电流 I_E 等于基极电流 I_B 和集电极电流 I_C 之和。把三极管看成一个广义节点，三个电流符合基尔霍夫电流定律。

2）集电极电流 I_C 与基极电流 I_B 的关系。

三极管制成后其内部尺寸和掺杂浓度是确定的，发射区发射的电子在基区复合的数量以及被集电区收集的电子数量比值也是基本确定的，即 I_{CN} 与 I_{BN} 的比值是固定的。通常把 I_{CN} 与 I_{BN} 的比值称为三极管共发射极放大电路的直流电流放大倍数，用 $\overline{\beta}$ 表示，即：

$$\overline{\beta} = \frac{I_{CN}}{I_{BN}} \approx \frac{I_C}{I_B} \tag{2.2-5}$$

式（2.2-5）表示发射区每向基区注入一个复合用的载流子，就要向集电区供给 $\overline{\beta}$ 个载流

任务二

子，也就是说，三极管如有一个单位的基极电流，那么就有 $\overline{\beta}$ 倍的集电极电流。改变基极电流，集电极电流也随之改变，说明基极电流对集电极电流具有控制作用。由于 $I_C \gg I_B$，也可以说三极管具有电流放大作用。

同理，当基极电流变化时，集电极电流也跟随变化。把集电极电流的变化量与基极电流的变化量之比定义为三极管的共发射极放大电路的交流电流放大系数，用 β 表示，其表达式为：

$$\beta = \frac{\Delta I_C}{\Delta I_B} \tag{2.2-6}$$

3）发射极电流 I_E 与基极电流 I_B 的关系。

将式（2.2-5）代入式（2.2-4），得：

$$I_E = I_B + I_C = I_B + \overline{\beta}I_B = (1 + \overline{\beta})I_B \tag{2.2-7}$$

对于 PNP 管，三个电极产生的电流方向和 NPN 管相反，其内部载流子的运动情况读者可以自己分析。

3. 三极管的特性曲线

三极管的特性曲线是三极管各电极电压与电流之间的关系曲线，是三极管内部载流子运动的外部表现。由于三极管和二极管一样也是非线性元件，不能用一个简单的方程式来表示各电极电压和电流之间的关系，所以要用伏安特性曲线对它进行描述。

最常用的是共发射极接法时的输入特性曲线和输出特性曲线。这些特性曲线可用特性图示仪直观地显示出来，也可以通过图 2.2.2-5 所示的电路进行测试。

下面以 NPN 型三极管为例来讨论三极管共射电路的特性曲线。

（1）输入特性曲线。

输入特性曲线是描述三极管在电压 u_{CE} 保持不变的前提下基极电流 i_B 和发射结电压 u_{BE} 之间的关系曲线，用函数关系表示为：

$$i_B = f(u_{BE})\,|\,u_{BE=常数} \tag{2.2-8}$$

图 2.2.2-6 所示是硅 NPN 型三极管 $u_{CE} = 0V$ 和 $u_{CE} = 1V$ 时的输入特性曲线。

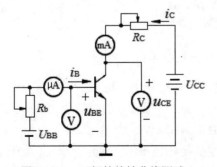
图 2.2.2-5　三极管特性曲线测试

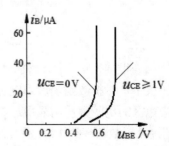
图 2.2.2-6　硅三极管输入特性曲线

NPN 型三极管输入特性曲线有如下特点：

● 输入特性有一段"死区"。只有 u_{BE} 值大于开启电压后，i_B 的值才随 u_{BE} 的增加迅速增大。硅管的开启电压约为 0.5V，锗管的开启电压约为 0.2V。三极管正常放大时，发射结电压变化不大，硅管约为 0.6～0.7V，锗管约为 0.2～0.3V。

● 两条曲线分别为 $U_{CE}=0V$ 和 $U_{CE}\geqslant1V$ 的曲线。当 $U_{CE}=0V$ 时，相当于集电极和发射极短路，即集电结和发射结并联，输入特性曲线和 PN 结的正向特性曲线类似。U_{CE} 增大时，集电区收集电子的能力增强，在相同 u_{BE} 的情况下 i_B 减小，使输入特性曲线随着 u_{CE} 的增大向右移动。但 $u_{CE}>1V$ 以后，集电结收集电子的能力已接近极限，再增大 u_{CE}，i_C 不再明显增大，i_B 也已基本不变，所以 $u_{CE}\geqslant1V$ 后的曲线基本是重合的。通常只画出 $u_{CE}\geqslant1V$ 的一条输入特性曲线。

● 三极管的输入特性是非线性的，但输入特性曲线陡峭上升部分近似于直线，可认为 i_B 与 u_{BE} 成正比，是输入特性的线性区。

（2）输出特性曲线。

输出特性曲线是在基极电流 i_B 一定的情况下，三极管的输出回路中（此处指集电极回路）集电极电流 i_C 与输出电压 u_{CE} 之间的关系曲线，其函数关系式表示为：

$$i_C = f(u_{CE})|_{i_B=常数} \tag{2.2-9}$$

三极管的输出特性曲线如图 2.2.2-7 所示。对于不同的 i_B 都有一条对应的输出特性曲线，所以三极管输出特性是一簇曲线，各条特性曲线的形状基本相同，现取其中的一条（例如 $i_B=20\mu A$）加以说明。

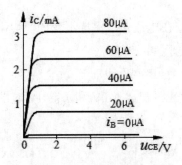

图 2.2.2-7 三极管输出特性曲线

曲线起始部分很陡，u_{CE} 略有增加时 i_C 增加很快。这是由于 u_{CE} 很小时（约 1V 以下），集电结反向电压很小，对扩散到基区的电子吸引力不够，i_C 受 u_{CE} 的影响很大，u_{CE} 稍有增加，从基区拉向集电区的电子数量明显增加，故 i_C 随 u_{CE} 的增加而增加。

当 u_{CE} 超过某一数值（约 1V）后，特性曲线变得比较平坦。这是由于 u_{CE} 大于 1V 后，集电结的电场已足够强，能使扩散到基区的电子绝大部分到达集电区，u_{CE} 再增加，从基区拉向集电区的电子数量基本不变，所以 i_C 几乎保持不变，曲线几乎平行于横轴，表示三极管具有恒流特性。

4. 三极管的主要参数

三极管的参数用来表征其性能优劣和适用范围，是选择元件、设计电路的依据。

（1）电流放大系数。

三极管在共射极接法时的电流放大系数，在直流和交流两种情况下分别用 $\overline{\beta}$ 和 β 表示。静态（无输入信号）时集电极电流 I_C 与基极电流 I_B 的比值称为三极管共发射极直流电流放大系数：

$$\overline{\beta}=\frac{I_C}{I_B} \tag{2.2-10}$$

有信号输入的情况下，基极电流产生一个变化量 ΔI_B，则相应的集电极电流也产生一个变化量 ΔI_C，则 ΔI_C 与 ΔI_B 的比值称为三极管的交流放大系数：

$$\beta=\frac{\Delta I_C}{\Delta I_B}=\frac{i_c}{i_b} \tag{2.2-11}$$

虽然交流放大系数和直流放大系数的含义不同，但两者数值相差不大，在近似计算中，不对 $\overline{\beta}$ 和 β 加以区分。

常用的小功率三极管的 β 值约为 20～150。β 值随温度升高而增大，在输出特性曲线中反映为曲线上移且曲线的间距增大。

（2）极间反向电流。

1）集电极－基极反向饱和电流 I_{CBO}。

集电极－基极反向饱和电流 I_{CBO} 表示发射极开路，c、b 间加上一定反向电压时的反向电流。I_{CBO} 是基区和集电区少数载流子漂移运动形成的，数值一般很小，小功率锗管 I_{CBO} 约 10μA，而小功率硅管在 1μA 以下。I_{CBO} 的大小受温度的影响较大，所以在温度变化范围较大的工作环境中应选用硅管。

2）集电极－发射极反向饱和电流 I_{CEO}。

集电极－发射极反向饱和电流 I_{CEO} 表示基极开路，c、e 间加上一定的反向电压时的集电极电流。由于这个电流从集电区穿过基区流至发射区，所以又称为穿透电流。I_{CEO} 受温度的影响很大，数值约为 I_{CBO} 的 $(1+\overline{\beta})$ 倍。由于 I_{CEO} 比 I_{CBO} 大得多，测量起来比较容易，通常把测量 I_{CEO} 作为判断管子质量的重要依据。

（3）极限参数。

1）集电极最大允许电流 I_{CM}。

集电极电流增大时 β 会下降，β 值下降到正常值的 1/2 或 1/3 时所对应的集电极电流称为集电极最大允许电流 I_{CM}。当电流超过 I_{CM} 时，三极管的性能将显著下降，甚至有烧毁管子的可能。

2）集－射极反向击穿电压 $U_{(BR)CEO}$。

$U_{(BR)CEO}$ 是指基极开路，集电极和发射间的最大允许电压。当三极管的集－射极电压 $U_{CE} > U_{(BR)CEO}$ 时，集电结将被反向击穿，I_{CEO} 会大幅度上升。

3）集电极最大允许耗散功率 P_{CM}。

P_{CM} 表示集电结上允许损耗功率的最大值。由于集电极的功率损耗：

$$P_{CM} = i_C u_{CE} \qquad\qquad (2.2\text{-}12)$$

可在输出特性上画出管子的允许功率损耗线，如图 2.2.2-8 所示。P_{CM} 与环境温度有关，温度越高，则 P_{CM} 值越小。锗管允许结温约为 70℃～90℃，硅管约为 150℃。

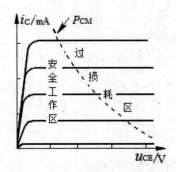

图 2.2.2-8　三极管极限损耗曲线

部分三极管的参数参见附录四。

5. 三极管的命名

国产和国外三极管的型号命名方法详见附录一。

三、三极管基本放大电路

1. 基本放大电路的三种组态和组成原则

（1）放大电路的放大组态。

三极管组成放大电路时有三种不同的连接方式（或称三种组态）：共（发）射极接法、共集电极接法和共基极接法。这三种接法分别以发射极、集电极、基极作为输入回路和输出回路的公共端，构成不同形式的放大电路，如图 2.2.3-1（以 NPN 管为例）所示。

（2）放大电路中的电压、电流符号的规定。

放大电路正常工作时，电路中既有直流量也有交流量，是交、直流共存的状态，为加以区别，作如下规定：

直流分量：大写字母，大写下标，如 I_B、U_{CE}。

交流分量：小写字母，小写下标，如 i_b、u_i。

瞬时值：小写字母，大写下标，如 i_B、u_{CE}。

交流有效值：大写字母，小写下标，如I_b、I_c。

交流峰值：有效值符号加小写m下标，如I_{bm}。

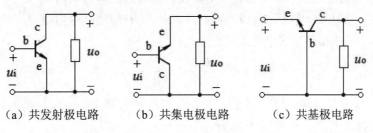

（a）共发射极电路　　　（b）共集电极电路　　　（c）共基极电路

图 2.2.3-1　三极管放大电路的三种组态

（3）放大电路的组成原则。

● 必须有直流电源，且电源的设置应使三极管的发射结正偏、集电结反偏，保证三极管工作在放大状态。

● 元件的安排要保证信号的传输，即信号能够从放大电路的输入端加到三极管上，经过放大后能从输出端输出。

● 元件参数的选择要保证信号不失真放大，并能满足放大电路的性能指标要求。

2. 共发射极放大电路

（1）放大电路的组成。

图 2.2.3-2（a）所示的电路是由 NPN 型三极管构成的一个阻容耦合的单管放大电路。

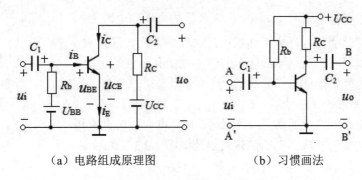

（a）电路组成原理图　　　　　（b）习惯画法

图 2.2.3-2　共发射极放大电路

输入信号从基极和发射极输入，输出信号从集电极和发射极之间输出，发射极是输入输出的公共端，是共发射极放大电路。

电路中，三极管起电流放大作用，是整个电路的核心。

U_{CC} 是集电极回路的工作电源（一般为几伏到几十伏的范围）。负端接发射极，正端通过电阻 R_C 接集电极，以保证集电结反向偏置；R_C 是集电极负载电阻（一般为几千欧至几十千欧的范围），其作用是将三极管放大了的集电极电流转换为集电极电压输出，使放大电路具有电压放大功能。

U_{BB} 是基极回路的工作电源。负端接发射极，正端通过基极电阻 R_b（一般为几十千欧至几百千欧的范围）接基极，以保证发射结为正向偏压，并通过基极电阻 R_b 为基极提供一个合适的电流 I_B（常称为偏流）。这个电流的大小为：

$$I_B = \frac{U_{BB} - U_{BE}}{R_b} \approx \frac{U_{BB}}{R_b}$$

电路的偏流 I_B 由 U_{BB} 和 R_b 的大小决定。U_{BB} 和 R_b 一经确定，偏流 I_B 就是固定的，所以这种电路称为固定偏流电路，R_b 称为基极偏流电阻。

C_1、C_2 为输入、输出耦合电容（一般为几微法到几十微法的范围），采用电解电容器，极性如图 2.2.3-2（a）所示。其作用是"隔离直流，传送交流"，适当选择电容器的容量使交流输入、输出信号畅通传递（对交流信号而言，容抗很小）；而对直流信号，相当于开路，使三极管的输入端与信号源之间，以及三极管输出端与负载之间的直流通路隔开，以免相互影响而改变各自的工作状态。

符号"⊥"表示输入电压、输出电压以及直流电源的公共端点称为"地"，并以地端作为零电位点（参考电位点）。

图 2.2.3-2（a）需要两个电源 U_{CC} 和 U_{BB}，使用起来不方便。如果选定 $U_{CC} = U_{BB}$，可将两个电源用一个电源来代替，达到简化电路的目的，如图 2.2.3-2（b）所示。

（2）放大电路的静态分析。

1）静态。

在放大电路没有输入信号（$u_i = 0$）时，各处的电压和电流都是不变的直流量，称此状态为直流工作状态，简称静态。在静态时，三极管各极电流和极间电压是输入输出特性曲线上某个点的电流、电压值，称该点为静态工作点，简称 Q 点。

2）估算法确定静态工作点。

先画出放大电路的直流通路。画直流通路时，电容器对直流相当于开路，所以共发射极放大电路的直流通路如图 2.2.3-3 所示。

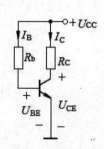

图 2.2.3-3　共发射极放大电路直流通路

根据基极回路可得：

$$I_B = \frac{U_{CC} - U_{BE}}{R_b}$$

式中 U_{BE}，对于硅管约为 0.7V，锗管约为 0.2V，由于一般 $U_{CC} \gg U_{BE}$，可近似表示为：

$$I_B \approx \frac{U_{CC}}{R_b} \qquad (2.2\text{-}13)$$

在忽略 I_{CEO} 的情况下，根据三极管的各极电流分配关系：

$$I_C \approx \beta I_B \qquad (2.2\text{-}14)$$

由图 2.2.3-3 的集电极回路可得：

$$U_{CE} = U_{CC} - I_C R_C \qquad\qquad (2.2\text{-}15)$$

如已知 β，利用式（2.2-13）至式（2.2-15）就可近似估算出放大电路的静态工作点。

3）图解法确定静态工作点。

图解法就是在已知三极管的输入、输出特性曲线及电路元件参数的情况下，利用作图的方法求放大电路静态工作点或对其动态工作情况进行分析的一种方法。

图解法求静态工作点的步骤如下：

① 把放大电路分成非线性和线性两部分。

非线性部分为三极管和 U_{BB} 与 R_b 组成的偏流电路，线性部分为 U_{CC} 和 R_C 组成的电路，如图 2.2.3-4（a）所示。

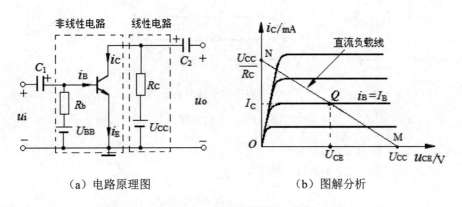

（a）电路原理图　　　　　（b）图解分析

图 2.2.3-4　图解法求静态工作点

② 作出电路非线性部分的伏安特性——三极管的输出特性。

三极管的偏流由 U_{BB} 和 R_b 确定，即 $I_B = U_{BB} / R_b$，三极管的电压 u_{CE} 和电流 i_C 的关系就可用 $i_B = I_B$ 的那条输出特性曲线表示，即：

$$u_{CE} = f(u_{CE})\big|_{i_B = I_B} \qquad\qquad (2.2\text{-}16)$$

③ 作出线性部分的伏安特性——直流负载线。

线性部分的电压 u_{CE} 和电流 i_C 之间的关系由以下方程确定：

$$u_{CE} = U_{CC} - i_C R_C \qquad\qquad (2.2\text{-}17)$$

式（2.2-17）表示一条直线。

画出这条直线最简单的方法是找出两个特殊点：令 $i_C = 0$，可得 $u_{CE} = U_{CC}$，在图 2.2.3-4（b）的横轴 u_{CE} 上得到 $M(U_{CC}, 0)$；又令 $u_{CE} = 0$，可得 $i_C = U_{CC} / R_C$，在纵轴 i_C 上得到 $N(0, U_{CC}/R_C)$，连接 M、N 两点的直线即是线性部分的伏安特性，直线的斜率为 $-1/R_C$。MN 线也称为放大器的直流负载线。

④ 由电路的线性与非线性部分伏安特性的交点确定静态工作点 Q。

电路的线性与非线性部分是串联在一起的电路的两个组成部分，电路的工作点即为两条

特性曲线的交点 Q。Q 点所对应的电流、电压即是电路静态工作时的电流、电压值。

所以，只要在三极管的输出特性上做出直线 $u_{CE}=U_{CC}-i_C R_C$，该直线与 $i_B=I_B$ 的那条输出特性曲线的交点即是放大电路的静态工作点。

【例 2.1】试用估算法和图解法求图 2.2.3-5（a）所示放大电路的静态工作点（忽略管压降 U_{BE}）。已知 $U_{CC}=12V$，$R_b=300k\Omega$，$R_C=4k\Omega$，$\beta=37.5$，三极管的输出特性曲线如图 2.2.3-5（b）所示。

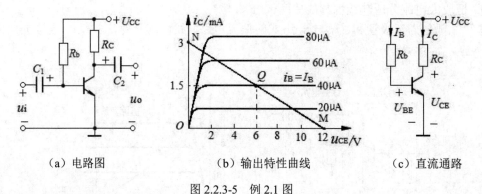

（a）电路图　　　　　　　　（b）输出特性曲线　　　　　（c）直流通路

图 2.2.3-5　例 2.1 图

解：用估算法求静态工作点。

电路的直流通路如图 2.2.3-5（c）所示。

$$I_B \approx \frac{U_{CC}}{R_b}=\frac{12V}{300k\Omega}=0.04mA=40\mu A$$

$$I_C = \beta I_B=37.5\times 0.04mA=1.5mA$$

$$U_{CE} = U_{CC}-I_C R_C=12V-1.5mA\times 4k\Omega=6V$$

用图解法求静态工作点。

先在输出特性曲线的坐标平面内画出直流负载线。

直流负载线方程为：　　　$u_{CE}=U_{CC}-i_C R_C=12-4i_C$

令 $i_C=0$，则 $u_{CE}=U_{CC}=12V$，得 M 点(12,0)；又令 $u_{CE}=0$，则 $i_C=\dfrac{U_{CC}}{R_C}=\dfrac{12V}{4k\Omega}=3mA$，得 N 点(0,3)，连接 M、N 得到直线负载线，直流负载线与 $i_B=I_B=40\mu A$ 的输出特性曲线的交点即为静态工作点。从曲线上查出：$I_B=40\mu A$，$I_C=1.5mA$，$U_{CE}=6V$，与估算所得结果相同。

4）电路参数对静态工作点的影响。

静态工作点 Q 由直流负载线和 $i_B=I_B$ 所对应的输出特性曲线的交点决定。共发射极放大电路的直流负载线方程为：

$$u_{CE}=U_{CC}-i_C R_C$$

i_B 的计算公式为：

$$i_B = I_B = \frac{U_{CC} - U_{BE}}{R_b}$$

可见，只要改变 R_b、R_C 或 U_{CC} 就可以改变 Q 点。通常通过改变 R_b 来调整静态工作点。

（3）放大电路的动态分析。

放大电路接入输入信号后，在输入信号电压 u_i 和电源电压 U_{CC} 共同作用下，各极电流和极间电压在原来静态的基础上叠加一个随输入信号 u_i 作相应变化的交流分量。由于电路中的电压、电流时刻处于变动状态，称这种工作状态为动态。

对放大电路的动态分析，通常采用图解法和微变等效电路法。

1）图解法分析放大电路动态工作情况。

动态分析时，一般用正弦信号作为输入信号。图解法的步骤如下：

① 根据 u_i 在三极管输入特性上求 i_B。

设输入信号电压 u_i=0.02sinωt，则三极管 u_{BE} 在原来直流电压 U_{BE} 的基础上叠加了一个交流量 u_i（u_{be}），如图 2.2.3-6 中的曲线①。

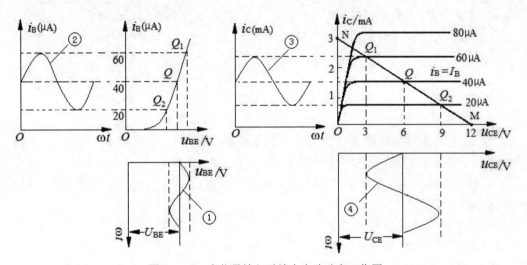

图 2.2.3-6　有信号输入时放大电路动态工作图

根据 u_{BE} 的变化，在输入特性曲线上画出 i_B 变化的波形图，如图中的曲线②。从图上可以读出对应于峰值为 0.02V 的输入电压，基极电流 i_B 将在 60μA 与 20μA 之间变动。

② 根据 i_B 的变化在三极管输出特性上求 i_C 和 u_{CE}。

当 i_B 在 60μA 与 20μA 之间变动时，直流负载线与输出特性的交点即电路的工作点也会随之变化。i_B=60μA 时电路工作在 Q_1，i_B=20μA 时电路工作在 Q_2。i_B 在 60μA 与 20μA 之间变化时，放大器的工作点将沿着直流负载线在 Q_1 与 Q_2 点间移动。直线段 $Q_1 Q_2$ 是电路工作点移动的轨迹，通常称为放大电路的"动态工作范围"。

放大器的工作过程分析如下：在 u_i 的正半周，i_B 先由静态时的 40μA 增大到 60μA，工作

点由 Q 点移动到 Q_1 点，相应地 i_C 由 I_C 增大到最大值（2.3mA），u_{CE} 由原来的 U_{CE} 减小到最小值（3V）；然后 i_B 由 60μA 减小到 40μA，工作点由 Q_1 回到 Q，相应地 i_C 也由最大值回到 I_C，而 u_{CE} 则由最小值回到 U_{CE}。在 u_i 的负半周，其变化规律恰好相反，放大器的工作点先由 Q 移动到 Q_2，再由 Q_2 回到 Q 点。这样，可在坐标平面上画出对应的 i_B、i_C、u_{CE} 的波形图，如图 2.2.3-6 中的②和③所示。u_{CE} 中的交流分量 u_{ce} 的波形就是输出电压 u_o 的波形。如果把这些电压、电流波形画在对应的时间轴上，可以得到图 2.2.3-7 所示的波形图。

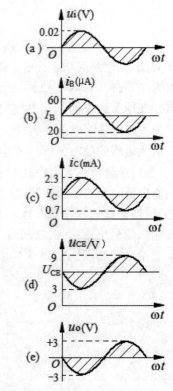

图 2.2.3-7　放大电路中的电压电流波形

通过图解分析法，可直观看出放大电路动态时的特点：

（a）动态时，i_B、i_C、u_{CE} 都在原来静态直流量的基础上叠加了一个交流量，即：

$$\left.\begin{array}{l} i_B = I_B + i_b \\ i_C = I_C + i_c \\ u_{CE} = U_{CE} + u_{ce} \end{array}\right\} \qquad (2.2\text{-}18)$$

虽然这些电流、电压的瞬时值是变化的，但它们的方向始终不变（正值）。

（b）u_o 与 u_i 为同频率的正弦波，输出电压 u_o 的幅度比输入电压 u_i 大得多，电路具有放大作用。

（c）输出与输入电压相位相差180°，称为倒相。所以，共发射极放大电路具有反相作用，又称为反相放大器。

2）关于动态工作情况的几点讨论。

① 静态工作点对波形失真的影响。

对放大电路来说，除了希望得到所需的放大倍数外，还要求输出电压波形失真要小，否则就失去了放大的意义。所谓失真，是指输出信号波形与输入信号波形不一致的现象。

放大电路的输出波形与电路静态工作点有密切的关系。如果静态工作点选择不当，就可能引起波形失真。波形失真分为截止失真和饱和失真两种。

（a）截止失真。

在图 2.2.3-6 中，若静态工作点在 Q 点（$I_B = 40\,\mu A$），当 i_B 以 40μA 为中心，在 60μA 与 20μA 之间变动时，i_C 和 u_{CE} 的波形都不失真，这在前面已经讨论过。

如果把静态工作点设在 Q_1 点，如图 2.2.3-8 所示。在 u_i 正半周，三极管工作在输入特性的弯曲部分，而 u_i 负半周的部分时间，由于 u_{BE} 小于发射结的死区电压，使三极管截止，结果造

成 i_B 严重失真，相应地 i_C 和 u_{CE} 也产生了严重失真。

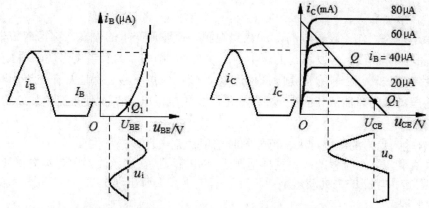

（a）由输入特性分析截止失真   （b）由输出特性分析截止失真

图 2.2.3-8 截止失真波形分析

这种由于静态工作点设置太低，使三极管截止而引起的失真，称为截止失真。用示波器观察截止失真波形，会看到 i_C 的负半周出现平顶，而 u_{CE} 的正半周出现平顶。

要避免截止失真，必须增加偏流 I_B，以提高工作点的位置。一般要使 I_B 大于 i_b 的幅值，保证在 u_i 的整个周期内三极管都工作在输入特性的线性部分，在本例中 $I_B > 20\mu A$ 便可避免截止失真。

（b）饱和失真。

如果把静态工作点选在 Q_2 点（$I_B = 60\mu A$），如图 2.2.3-9 所示。

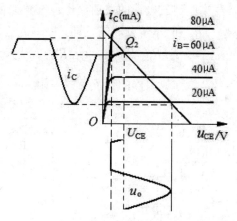

图 2.2.3-9 饱和失真波形

在 u_i 的正半周，当 i_b 由 $60\mu A$ 向 $80\mu A$ 增加时，i_C 已工作在输出特性的弯曲部分，集电极电流已接近集电极极限电流值 $\dfrac{U_{CC}}{R_C}$，尽管 i_B 在增加，但 i_C 不能按比例再增加，致使 i_C 和 u_{CE} 的波形产生了严重失真。

这种由于静态工作点设置过高，i_C 达到饱和，使波形产生的失真，称为饱和失真。用示波器观察饱和失真波形，会发现 i_C 的正半周出现平顶，而 u_{CE} 的负半周出现平顶。

要避免饱和失真，一种方法是降低偏流 I_B，使工作点下移，保证 i_B 在正半周时三极管不会工作在输出特性的弯曲部分；另一种方法是减少集电极电阻 R_C，使直流负载线的斜率增大，饱和失真将减小。

（c）若输入信号的幅度过大，可能同时出现截止失真和饱和失真。

波形失真和工作点位置的关系同样适用于 PNP 管。但在用示波器中观看失真波形时，PNP 管与 NPN 管放大电路的失真波形不同。PNP 管的饱和失真出现在 u_{CE} 正半周，而截止失真出现在 u_{CE} 负半周。

② 交流负载线。

放大器工作时输出端总要接上负载，放大电路接入负载后会影响电路的工作状态。

在静态时，由于电容的隔直作用，放大器的静态工作点不会因为 R_L 的接入而发生变化。动态时，负载对电路工作状况的影响需要画出放大电路的交流通路进行分析。

画交流通路的原则：

● 直流电源 U_{CC} 内阻很小，交流信号在电源内阻上压降可忽略不计。所以，对交流信号而言，可将直流电源作短路处理。

● 由于电容 C_1、C_2 容量足够大，交流阻抗很小，对交流可视为短路。

根据上述原则，可画出共射放大电路的交流通路，如图 2.2.3-10（b）所示。在放大电路的输入回路中，输入电压 u_i 直接加到三极管的发射结上；在输出回路中，集电极电流的交流分量 i_c 不仅流过 R_C 也流过 R_L，R_C 和 R_L 是并联的，即：

$$u_{ce} = -i_c(R_C /\!/ R_L) = -i_c R'_L \qquad (2.2\text{-}19)$$

式中 $R'_L = R_C /\!/ R_L = \dfrac{R_C R_L}{R_C + R_L}$，称放大器的交流负载电阻。

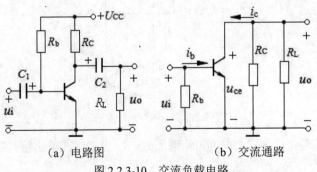

（a）电路图　　　　　　（b）交流通路

图 2.2.3-10　交流负载电路

由于放大电路在动态时，三极管各极电流和极间电压都在静态的基础上叠加一个交流分量，所以：

$$i_C = I_C + i_c \qquad (2.2\text{-}20)$$

$$u_{CE} = U_{CE} + u_{ce} \qquad (2.2\text{-}21)$$

将式（2.2-19）和式（2.2-20）代入式（2.2-21），则有：

$$u_{CE} = U_{CE} + u_{ce} = U_{CE} - i_c R'_L = U_{CE} - (i_C - I_C)R'_L \qquad (2.2\text{-}22)$$

或

$$i_C = -\frac{1}{R'_L} u_{CE} + \frac{1}{R'_L}(U_{CE} + I_C R'_L) \qquad (2.2\text{-}23)$$

式（2.2-23）也是一直线方程，直线的斜率为 $-\dfrac{1}{R'_L}$，由交流负载电阻 R'_L 所决定，故该直线称为交流负载线。

动态时，当 i_B 变动时，i_C 和 u_{CE} 的变化轨迹将沿交流负载线移动。

由交流负载线方程可知，当 $i_C = I_C$ 时，$u_{CE} = U_{CE}$，点(I_C, U_{CE})是静态工作点 Q，这说明交流负载线是通过 Q 点的。

由于交流负载线通过 Q 点，所以做交流负载线时只需另外确定一个点即可。

交流负载线的作法：令 $i_C = 0$，由式（2.2-23）得 $u_{CE} = U_{CE} + I_C R'_L$，于是在横坐标轴上得到点 $C(U_{CE} + I_C R'_L, 0)$，将 C 点与静态工作点 Q 相连并延长至纵轴交于 D 点，则直线 CD 为交流负载线，斜率为 $-\dfrac{1}{R'_L}$，如图 2.2.3-11 所示。

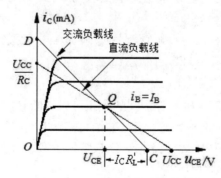

图 2.2.3-11　交流负载线的画法

可见，放大电路接入负载后电路的动态工作范围比空载时变小。

③ 三极管的三个工作区。

根据放大电路静态工作点的设置不同，三极管可以工作在饱和、放大和截止三种工作状态。在输出特性曲线上对应三个区，即：饱和区、放大区和截止区，如图 2.2.3-12 所示。

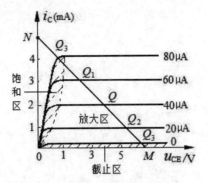

图 2.2.3-12　三极管的工作区

　　静态工作点设在 Q 点（I_B =40μA），i_B 在 20μA～60μA 之间变化时，工作点由 Q_2 点移到 Q_1 点，i_C 由 1mA 增加到 3mA，U_{CE} 则由 6V 降至 2.5V 左右，电路工作在输出特性的平坦部分，该区域符合 $I_C = \beta I_B$ 的规律，称为放大区。

　　若工作点设在 Q_1 点（I_B =60μA），i_B 由 60μA 增加到 80μA，工作点由 Q_1 点移到 Q_3，电路工作在输出特性的弯曲部分。虽然 i_B 增加了 20μA，但 i_C 只增加 0.9mA（3.9mA-3mA），已不满足 $I_C = \beta I_B$ 的规律，三极管工作在饱和状态。

　　饱和现象的产生是由于工作点上移，u_{CE} 减小到一定的程度后，集电极收集载流子的能力下降，即使 i_B 增加，但 i_C 却不能增加，i_C 已不受 i_B 的控制，三极管失去电流控制作用，也就是失去了放大能力。

　　一般把输出特性曲线直线上升和开始弯曲的区域称为饱和区。三极管工作在饱和状态时的管压降称为饱和压降（硅管可取 0.3V 左右，锗管为 0.1V）。三极管饱和压降 u_{CE} 很小，可忽略不计，三极管 c、e 极如同短接状态。

　　若工作点设在 Q_3 点（$I_B \approx 0$），在输入信号的负半周三极管截止，这时 $I_C \approx I_{CEO} \approx 0$，$U_{CE} \approx U_{CC}$，三极管 c、e 极如同工作在断开状态。

　　我们把输出特性 $I_B = 0$ 曲线以下的区域称为截止区。

　　在实际工作中，通过测量三极管各极间的电压可以判断它的工作状态。当发射结和集电结均为正偏时，三极管工作于饱和状态；当发射结正偏、集电结反偏时，三极管工作于放大状态；当发射结零偏或反偏、集电结也反偏时，三极管处于截止状态，这是指可靠截止而言，实际上，当 u_{BE} <0.5V 时，三极管就进入截止状态。

　　（4）微变等效电路分析法。

　　"微变"是指变化量很微小的意思。当 Q 点设置在输入特性曲线的线性区且输入信号的变化较小（小信号）时，在输入特性曲线上，u_{be} 和 i_b 近似为线性关系，这样可把三极管非线性电路近似按线性电路来处理。

　　1）三极管简化微变等效电路。

　　① 输入回路的微变等效电路。

如图 2.2.3-13（a）所示，Q 点选在输入特性曲线的线性段，当输入信号在很小范围内变化时，三极管在 Q 点附近的一小段工作，该工作段可近似认为是直线，Δu_{BE} 与 Δi_B 成正比，其比值用线性电阻 r_{be} 表示，即：

$$r_{be} = \frac{\Delta u_{BE}}{\Delta i_B} \Big|_{u_{CE}=常数} = \frac{u_{be}}{i_b} \tag{2.2-24}$$

r_{be} 称为三极管的输入电阻，它是对变化量而言的，所以又称为交流输入电阻。因此，三极管在 Q 点附近小信号工作时，其基极和发射极之间可用交流电阻 r_{be} 代替。

r_{be} 通常利用下面的公式近似计算：

$$r_{be} = 300\Omega + (1+\beta)\frac{26(\mathrm{mV})}{I_E(\mathrm{mA})} \tag{2.2-25}$$

式中 I_E 为三极管发射极静态电流，表明 r_{be} 是对应于一定的静态工作点的，I_E 越大，r_{be} 越小。

注意：r_{be} 是输入交流电阻，是 Δu_{BE} 与 Δi_B 的变化量之比，不能用静态时的 U_{BE} 和 I_B 计算。

② 输出回路的微变等效电路。

如图 2.2.3-13（b）所示。若三极管工作在输出特性的线性工作区 Q 点附近，由于该区域 i_C 的变化基本与 u_{CE} 无关，主要受 i_B 的控制，即 $i_c = \beta i_b$。因此，三极管的输出回路可用受控电流源 βi_b 来代替。该受控电流源受 i_b 的控制，大小和方向都由 i_b 决定。

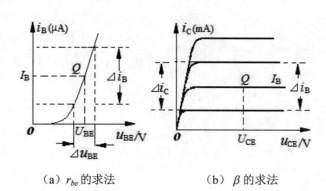

（a）r_{be} 的求法　　　　　（b）β 的求法

图 2.2.3-13　三极管微变电路参数的求法

通过上述分析，可以得出三极管的微变等效电路如图 2.2.3-14 所示。

有关三极管微变等效电路的几点说明：

- 基极与发射极之间用一个交流电阻 r_{be} 等效，集电极与发射极间用一个受控电流源 βi_b 代替。
- 等效电路成立的前提条件：微变信号（小信号）。
- 受控电流源不能独立存在，方向不能随意假定。

- 电压、电流量都是交流信号，电路中无直流量，不能用等效电路求解静态工作点 Q 的值。

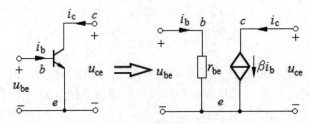

图 2.2.3-14　三极管微变等效电路

2）用三极管微变等效电路分析共发射极放大电路。

下面应用三极管微变等效电路分析图 2.2.3-15（a）所示的共发射极放大电路。

分析步骤如下：

① 画出微变等效电路。

先画出放大电路的交流通路，如图 2.2.3-15（b）所示；再在交流通路上定出三极管的三个电极（c、b、e），用三极管的微变等效电路表示三极管，其他元件都按照原来的相对位置画出，可以得到放大电路的微变等效电路，如图 2.2.3-15（c）所示。

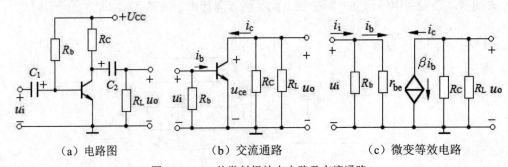

（a）电路图　　　　　（b）交流通路　　　　　（c）微变等效电路

图 2.2.3-15　共发射极放大电路及交流通路

② 电压放大倍数 A_u。

电压放大倍数是指放大电路输出电压与输入电压的变化量之比，即：

$$A_u = \frac{u_o}{u_i} \tag{2.2-26}$$

由图 2.2.3-15（c）可知：

$$u_i = u_{be} = i_b r_{be}$$
$$u_o = -i_c (R_C // R_L) = -\beta i_b R_L'$$

所以，共发射极电路的电压放大倍数：

$$A_u = \frac{u_o}{u_i} = -\frac{\beta i_b R_L'}{i_b r_{be}} = -\beta \frac{R_L'}{r_{be}} \tag{2.2-27}$$

式中的负号表示输出电压与输入电压的相位相反。

③ 输入电阻 r_i。

当输入信号加到放大器的输入端时，放大器相当于信号源的一个负载，如图 2.2.3-16 所示。从放大器输入端 1、1′两点间看进去的等效电阻即放大器的输入电阻。

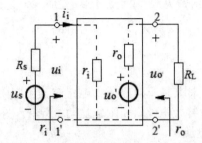

图 2.2.3-16　放大电路的输入、输出电阻

$$r_i = \frac{u_i}{i_i} \tag{2.2-28}$$

由图 2.2.3-15（c）所示的微变等效电路知：

$$i_i = \frac{u_i}{R_b} + \frac{u_i}{r_{be}}$$

共射放大电路的输入电阻：

$$r_i = \frac{u_i}{i_i} = r_{be} \ /\!/ \ R_b \tag{2.2-29}$$

在 $R_b \gg r_{be}$ 时，$r_i \approx r_{be}$。但应注意，r_i 和 r_{be} 物理意义不同，r_i 是放大电路的输入电阻，r_{be} 是三极管的交流输入电阻。

输入电阻 r_i 的大小会影响到加在放大器输入端信号的大小。在图 2.2.3-16 中，把一个内阻为 R_S、大小为 u_S 的信号源加在放大器的输入端时，实际加在放大器输入端的信号 u_i 的幅度比 u_S 要小，即：

$$u_i = \frac{r_i}{R_S + r_i} u_S \tag{2.2-30}$$

说明输入电压受到一定的衰减。因此，输入电阻 r_i 是衡量放大器对输入信号衰减程度的重要指标。

④ 输出电阻 r_o。

如图 2.2.3-16 所示，对负载 R_L 而言，放大电路相当于一个具有内阻 r_o 和电动势 u_o' 串联的等效电源。这个等效电源的内阻 r_o 就是放大器的输出电阻。

放大器空载时输出电压为 u_o'，带负载 R_L 后其输出电压为：

$$u_o = \frac{R_L}{R_L + r_o} u_o'$$ （2.2-31）

式（2.2-31）说明，r_o 越小，放大器输出电压受负载影响的程度越小。一般用输出电阻 r_o 来衡量放大器带负载的能力，r_o 越小，放大器带负载的能力越强。

放大电路的输出电阻可用电工课程中所学的"加压求流法"求出。

在信号源短路（$u_S=0$ 但保留 R_S）和负载开路（$R_L=\infty$）的条件下，在放大器的输出端加入一电压 u，若产生电流为 i，则放大器的输出电阻：

$$r_o = \frac{u}{i}\bigg|_{u_S=0}$$ （2.2-32）

下面利用"加压求流法"来求共发射极放大电路的输出电阻。

先画出求解输出电阻 r_o 的等效电路，如图 2.2.3-17 所示。图中输入信号源已被短路，负载 R_L 已断开，并在输出端外加电压 u。

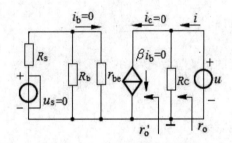

图 2.2.3-17 求输出电阻的电路

由于 $u_S=0$，$i_b=0$，所以 βi_b 和 i_c 也为零。r_o' 为三极管的输出电阻 r_{ce}（其数值很大，前面简化时已忽略），在外加电压 u 的作用下产生相应的电流 i，故输出电阻为：

$$r_o = \frac{u}{i}$$

而：

$$i = u\left(\frac{1}{R_C} + \frac{1}{r_o'}\right)$$

所以：

$$r_o = \frac{u}{i} = R_C // r_o' \approx R_C$$ （2.2-33）

3）考虑信号源内阻 Rs 的电压放大倍数计算。

上述计算电压放大倍数时均未考虑信号源内阻 Rs 的影响。当计及信号源内阻 Rs 后，电压放大倍数的定义为：输出电压 u_o 与信号源电压 u_S 之比，即：

$$A_{us} = \frac{u_o}{u_S}$$ （2.2-34）

该电压放大倍数称为源电压放大倍数。

由图 2.2.3-18 所示的共发射极放大电路的微变等效电路可以得出：

$$A_{us} = \frac{u_o}{u_S} = \frac{u_o}{u_i} \times \frac{u_i}{u_S} = A_u \times \frac{u_i}{u_S}$$

而：

$$u_i = \frac{r_o}{R_S + r_o} u_S$$

于是：

$$A_{us} = A_u \times \frac{r_o}{R_S + r_o} = \approx -\beta \frac{R'_L}{r_{be}} \times \frac{r_i}{R_S + r_o} \qquad (2.2\text{-}35)$$

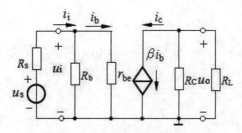

图 2.2.3-18　求 A_{us} 的微变等效电路

当 $R_b \gg r_{be}$ 时，$r_i \approx r_{be}$，则：

$$A_{us} \approx -\beta \frac{R'_L}{r_{be}} \times \frac{r_{be}}{R_S + r_o} = -\beta \frac{R'_L}{Rs + r_{be}} \qquad (2.2\text{-}36)$$

比较式（2.2-27）与式（2.2-36），考虑信号源内阻 Rs 后，电压放大倍数减小。这是由于信号源电压 u_S 的部分信号降落在 R_S 上，只有 r_i 上的分压 u_i 加到放大电路的输入端，从而使 $u_i < u_S$。

【例 2.2】放大电路如图 2.2.3-19 所示。用微变等效电路法计算电路电压放大倍数 A_u、输入电阻 r_i、输出电阻 r_o。

已知：$U_{CC} = 12\text{V}$，三极管为硅管 $\beta = 40$，$R_b = 300\text{k}\Omega$，$R_C = 4\text{k}\Omega$，$R_L = 4\text{k}\Omega$。

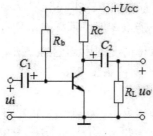

图 2.2.3-19　例 2.2 图

解：① 先计算 I_E，由式（2.2-13）至式（2.2-15）有：

$$I_B = \frac{U_{CC}}{R_b} = \frac{12\text{V}}{300\text{k}\Omega} = 40\mu\text{A}$$

$$I_C = \beta I_B = 40 \times 40\mu\text{A} = 1.6\text{mA} \approx I_E$$

$$U_{CE} = U_{CC} - I_C R_C = 12\text{V} - 1.6\text{mA} \times 4\text{k}\Omega = 5.6\text{V}$$

② 求 r_{be}。

利用式（2.2-24）得：

$$r_{be} = 300 + (1+\beta)\frac{26\text{mV}}{I_E} = 300 + (1+40)\frac{26(\text{mV})}{1.6(\text{mV})} \approx 966\Omega = 0.966\text{k}\Omega$$

③ 求 A_u。

利用式（2.2-27）得：

$$A_u = -\beta\frac{R_L'}{r_{be}} = -\beta\frac{R_C // R_L}{r_{be}} = -40 \times \frac{2}{0.966} \approx -83$$

④ 求输入电阻 r_i。

利用式（2.2-29）得：

$$r_i = r_{be} // R_b = \frac{300 \times 0.966}{300 + 0.966} = 0.96\text{k}\Omega$$

⑤ 求输出电阻 r_o。

利用式（2.2-33）得：

$$r_o \approx R_C = 4\text{k}\Omega$$

（5）两种电路分析方法的比较。

图解分析法和微变等效电路分析法虽是两种独立的电路分析方法，但二者是相互联系、互相补充的。

图解分析法可确定电路的静态工作点，并可全面、直观地了解放大电路的动态工作过程及电路参数变化对放大电路的影响。但这种方法需要作图，计算起来比较麻烦，而且计算的准确度取决于特性曲线能否代表所使用三极管的特性以及作图的精确度。

微变等效电路法适用于小信号条件，把三极管当作线性元件进行分析计算，用线性电路理论来求解，利用这种方法可对较复杂的电路进行分析。由于利用微变等效电路法时，微变参数是在 Q 点附近的工作情况，而不能像图解法那样对电路的工作状态有全面的了解。

两种方法各有特点，可根据具体情况选用合适的方法，以达到相辅相成的目的。

3. 稳定静态工作点的电路——射极偏置电路

（1）温度对静态工作点的影响。

引起电路工作点不稳定的因素很多，如电源电压的变化、电路参数的变化及管子老化等，其中由于温度引起三极管特性参数（I_{CBO}、U_{BE}、β 等）的变化是主要原因。

1）温度对反向饱和电流 I_{CBO} 的影响。

I_{CBO} 是集电区和基区的少数载流子在集电结反向电压作用下形成的漂移电流。I_{CBO} 对温度变化十分敏感，温度每升高 10℃时，I_{CBO} 约增大一倍。

由于穿透电流 I_{CEO} 约为 I_{CBO} 的 β 倍，所以温度升高 I_{CEO} 上升更显著。I_{CEO} 的增加表现为输出特性曲线向上平移。

2）温度对放大倍数 β 的影响。

温度升高后，加快了基区载流子的扩散速度，使基区中电子和空穴复合的机会减小，因而 β 增大。β 的增加表现为输出特性曲线簇的间隔变宽。

3）温度对发射结电压 U_{BE} 的影响。

温度升高，载流子运动加剧，发射结导通电压将减小。对于同样大小的 I_B，U_{BE} 的减小使三极管输入特性曲线向左移动，如图 2.2.3-20（a）所示。

在固定偏流电路中，$I_B = \dfrac{U_{CC} - U_{BE}}{R_b}$，$U_{BE}$ 的减小意味着 I_B 的增大。

当温度升高时，β 的增加或因 U_{BE} 的减小引起 I_B 的增大（由 I_B 增大到 I_B'），均导致电流 I_C 的增大，静态工作点由 Q 上移至 Q'，如图 2.2.3-20（b）所示，可能产生饱和失真。反之，若温度降低，静态工作点将下移，可能产生截止失真。

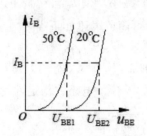
（a）温度对输入特性的影响

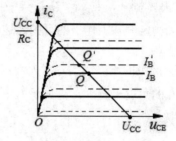
（b）温度对输出特性的影响

图 2.2.3-20　温度对静态工作点的影响

因此，固定偏流放大电路虽然结构简单，但其本身没有自动调节 Q 点的能力，温度稳定性差，故这种电路应用不多。

（2）射极偏置电路。

三极管参数 I_{CBO}、U_{BE}、β 等随温度变化对静态工作点的影响最终表现为静态电流 I_C 的增加。从这一现象出发，在温度变化时，如果能设法使 I_C 近似维持恒定，问题就可以得到解决。

图 2.2.3-21 所示是实现上述设想的电路，称为射极偏置电路或基极分压式偏置电路。

1）电路的基本特点。

① 利用 R_{b1} 和 R_{b2} 组成的分压器固定基极电位。

适当选择 R_{b1} 和 R_{b2}，在满足条件 $I_2 \gg I_B$ 时，$I_1 = I_2 + I_B \approx I_2$，可认为基极电位 U_B 不随温度改变，即：

$$U_B \approx \frac{R_{b2}}{R_{b1} + R_{b2}} U_{CC} \qquad (2.2\text{-}37)$$

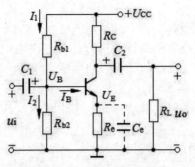

图 2.2.3-21　射极偏置电路

② 利用发射极电阻 R_e 两端反应电流 I_C 的变化的电压 U_E 反馈到输入回路去控制 U_{BE}，实现 I_C 基本不变。

电路稳定工作点的过程是：温度上升使 I_C（I_E）增加，则 I_E 在 R_e 上产生的电压 $I_E R_e$ 也要增加。由于 U_B 基本固定，U_{BE}（$U_{BE} = U_B - I_E R_e$）减小，使 I_B 自动减小，I_C（I_E）也随之自动下降，达到稳定静态工作点的目的。这个过程可简单表述如下：

T℃ $\uparrow \rightarrow I_C \uparrow \rightarrow I_E \uparrow \rightarrow U_E$（$I_E R_e$）$\uparrow \rightarrow U_{BE} = U_B - I_E R_e \downarrow \rightarrow I_B \downarrow \rightarrow I_C \downarrow$

R_e 越大，R_e 上产生的压降越大，对 I_C 变化的抑制能力越强，电路稳定性越好。

从稳定工作点的角度出发，I_2 越大于 I_B、U_B 越大于 U_{BE} 电路的稳定性越好。在实际应用中，一般可以选取：

$$I_2 \gg I_B \begin{cases} I_2 = (5 \sim 10)I_B（硅管）\\ I_2 = (10 \sim 20)I_B（锗管）\end{cases} \qquad (2.2\text{-}38)$$

$$U_B \gg U_{BE} \begin{cases} U_B = (3 \sim 5)\mathrm{V}（硅管）\\ U_B = (1 \sim 3)\mathrm{V}（锗管）\end{cases} \qquad (2.2\text{-}39)$$

2）静态工作点的计算。

射极偏置电路的静态工作点宜从计算 U_B 入手，电路的直流通路如图 2.2.3-22 所示。

$$U_B = \frac{R_{b2}}{R_{b1} + R_{b2}} U_{CC}$$

$$I_C \approx I_E = \frac{U_B - U_{BE}}{Re}$$

$$I_B = \frac{I_C}{\beta}$$

$$U_{CE} = U_{CC} - I_C R_C - I_E R_e \approx U_{CC} - I_C (R_C + R_e)$$

利用上述各式可分别求得静态工作点 I_C、I_B、U_{CE}。

由上述分析可见，在满足式（2.2-38）和式（2.2-39）的条件下，集电极电流 I_C 的大小与管子的参数 I_{CBO}、U_{BE}、β 基本无关，而只决定于外部电路参数 U_{CC}、R_{b1}、R_{b2}、R_e，这样温度变化而引起管子参数的改变，与 I_C 基本无关。

3）动态分析。

先画出射极偏置电路的微变等效电路。

射极不接旁路电容 C_e 时，射极偏置电路的微变等效电路如图 2.2.3-23 所示。

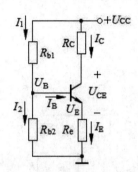

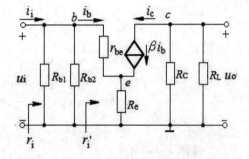

图 2.2.3-22 射极偏置电路直流通路　　图 2.2.3-23 射极偏置电路的微变等效电路

① 求电压放大倍数 A_u。

由图 2.2.3-23 可得：

$$u_o = -i_C(R_C \mathbin{/\mkern-5mu/} R_L) = -i_C R_L' = -\beta\, i_b R_L'$$

式中：

$$R_L' = R_C \mathbin{/\mkern-5mu/} R_L$$

$$u_i = i_b r_{be} + i_e R_e = i_b r_{be} + (1+\beta)i_b R_e$$

所以：

$$A_u = \frac{u_o}{u_i} = \frac{-\beta i_b R_L'}{i_b r_{be} + (1+\beta)i_b R_e} = \frac{-\beta R_L'}{r_{be} + (1+\beta)R_e} \tag{2.2-40}$$

与固定偏流式放大电路的 A_u 相比，式（2.2-40）分母增加了一项 $(1+\beta)R_e$。R_e 的接入虽然带来了稳定工作点的好处，但放大倍数却下降了。

通常在 R_e 上并联一个大电容器，如图 2.2.3-21 中虚线连接的 C_e，称为射极旁路电容。由于电容器对直流可视为开路，故 C_e 的接入对 Q 点没有影响；而电容对交流相当于短路，它消除了 R_e 对放大倍数的影响。加了旁路电容后，放大倍数 A_u 就和式（2.2-27）完全相同了。

② 求输入电阻 r_i。

先求 r_i'。

由图 2.2.3-23 得：

$$u_i = i_b r_{be} + i_e R_e = i_b r_{be} + (1+\beta)i_b R_e$$

$$r_i' = \frac{u_i}{i_b} = r_{be} + (1+\beta)R_e$$

则：

$$r_i = r_i' \mathbin{/\mkern-5mu/} R_{b1} \mathbin{/\mkern-5mu/} R_{b2} = [r_{be} + (1+\beta)R_e] \mathbin{/\mkern-5mu/} R_b \tag{2.2-41}$$

式中 $R_b = R_{b1} // R_{b2}$，式（2.2-41）说明加入 R_e 后使放大电路的输入电阻提高了。

若射极并联电容 C_e，则 $r_i = r_{be} // R_{b1} // R_{b2}$。

③ 求输出电阻 r_o。

根据上述输出电阻的求法，可求得输出电阻：

$$r_o = R_C \qquad\qquad (2.2\text{-}42)$$

【例2.3】电路如图2.2.3-24所示。已知 $U_{CC}=12\text{V}$，$R_{b1}=40\text{k}\Omega$，$R_{b2}=20\text{k}\Omega$，$R_c=2.5\text{k}\Omega$，$R_e=2\text{k}\Omega$，$R_L=5\text{k}\Omega$，若 $\beta=40$，试确定：

① 静态工作点。

② 计算电压放大倍数及输入电阻和输出电阻。

③ 不接 C_e 时的电压放大倍数。

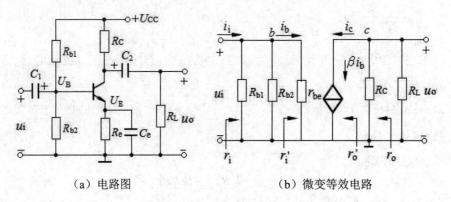

（a）电路图　　　　　（b）微变等效电路

图 2.2.3-24　例 2.3 图

解：① 求静态工作点。

图2.2.3-24所示电路的直流通路与图2.2.3-22相同，因此：

$$U_B = \frac{R_{b2}}{R_{b1}+R_{b2}}U_{CC} = \frac{20}{40+20}\times 12 = 4\text{ V}$$

$$I_C \approx I_E \approx \frac{4\text{V}}{2\text{k}\Omega} = 2\text{mA}$$

$$U_{CE} = U_{CC} - I_C(R_C+R_e) = 12\text{V}-2\text{mA}（2.5\text{k}+2\text{k}）=3\text{V}$$

$$I_B = I_C/\beta = 2\text{mA}/40 = 50\mu\text{A}$$

② 求电压放大倍数。

画出图2.2.3-24（b）所示的微变等效电路。

$$r_{be} = 300\Omega + (1+40)\frac{26\text{mV}}{2\text{mA}} = 833\Omega$$

$$R_L' = R_C // R_L = \frac{2.5\times 5}{2.5+5} \approx 1.66\text{k}\Omega$$

考虑到射极电阻 R_e 上有很大的旁路电容，对交流信号而言，可看成是发射极接地。

所以：

$$A_u = \frac{u_o}{u_i} = \frac{-\beta R_L'}{r_{be}} = -\frac{40 \times 1.66}{0.833} = -80$$

由图 2.2.3-24（b）所示的等效电路可以看出，输入电阻为：

$$r_i = r_{be} /\!/ R_{b1} /\!/ R_{b2} \approx r_{be} \approx 0.833\text{k}\Omega$$

输出电阻为：

$$r_o = r_o' /\!/ R_C \approx R_C = 2.5\text{k}\Omega$$

③ 计算不接 C_e 时的电压放大倍数。

由式（2.2-40）得：

$$A_u = \frac{-\beta R_L'}{r_{be} + (1+\beta)R_e} = \frac{-40 \times 1.66}{0.833 + (1+40) \times 2} = -0.8$$

比接 C_e 时的电压放大倍数下降了许多。

（3）射极偏置电路作为恒流源。

对于图 2.2.3-21 所示的射极偏置电路，当 U_{CC}、R_{b1}、R_{b2}、R_e 确定后，基极电位 U_B 固定，I_C 基本恒定，与负载无关，相当于一个恒流源，我们把这种电路称为恒流源，如图 2.2.3-25 所示（未画负载电阻 R_C）。

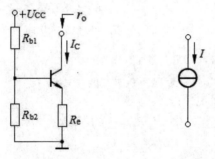

（a）恒流源电路图　　　　（b）恒流源符号

图 2.2.3-25　三极管恒流源电路

恒流源电路的特点除了电流恒定外，它的直流电阻（集电极对地电阻）较小，一般约只有几千欧；而它的交流电阻却很大，可达几兆欧。

恒流源电路交流电阻的表达式为：

$$r_o = r_{ce}\left(1 + \frac{\beta R_e}{r_{be} + R_b + R_e}\right) \tag{2.2-43}$$

恒流源与放大器不同，它是一个两端电路单元。恒流源作为一种电路单元，应用极为广泛。恒流源作为放大器的负载时，称为有源负载；在模拟集成电路中恒流源的应用更为广泛，关于这方面的内容将在后续内容中讲解。

2．共集电极电路——射极输出器

（1）电路结构。

图 2.2.3-26（a）所示为共集电极放大电路的原理电路，图 2.2.3-26（b）所示是它的交流通路。

由交流通路可见，输入电压 u_i 加在基极和地即集电极之间，而输出电压 u_o 从发射极和集电极两端取出，所以集电极是输入、输出电路的共同端点，为共集电极电路。负载电阻接在发射极上，输出信号从射极输出，所以该电路又称为射极输出器。

（2）静态工作点计算。

共集电极放大电路的直流通路如图 2.2.3-26（c）所示。

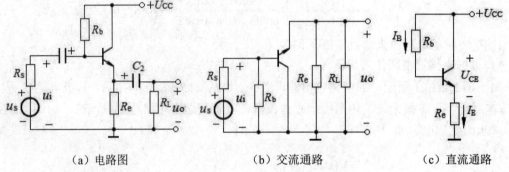

（a）电路图   （b）交流通路   （c）直流通路

图 2.2.3-26　共集电极放大电路

对基极回路可列电压方程：

$$U_{CC} = I_B R_b + U_{BE} + U_E$$

式中 U_E 表示发射极直流电位：

$$U_E = I_E R_e = (1 + \beta) I_B R_e$$

故：

$$I_B = \frac{U_{CC} - U_{BE}}{R_b + (1 + \beta) R_e}$$

在上式中，一般有 $U_{CC} \gg U_{BE}$，故有：

$$I_B \approx \frac{U_{CC}}{R_b + (1 + \beta) R_e} \tag{2.2-44}$$

$$I_C = \beta I_B \tag{2.2-45}$$

$$U_{CE} \approx U_{CC} - I_C R_e \tag{2.2-46}$$

（3）动态分析。

由图 2.2.3-26（b）所示的交流通路画出共集电极电路的微变等效电路，如图 2.2.3-27 所示。

① 电压放大倍数。

根据基尔霍夫电压定律可列出输入回路的电压方程：

$$u_i = i_b r_{be} + (i_b + \beta i_b) R_L' = i_b [r_{be} + (1 + \beta) R_L']$$

式中：
$$R'_L = R_e // R_L$$
$$u_o = (1+\beta)i_b R'_L$$
$$A_u = \frac{u_o}{u_i} = \frac{i_b(1+\beta)R'_L}{i_b[r_{be}+(1+\beta)R'_L]} = \frac{(1+\beta)R'_L}{r_{be}+(1+\beta)R'_L} < 1 \qquad (2.2\text{-}47)$$

一般 $(1+\beta)R'_L \gg r_{be}$，所以 $A_u \approx 1$。表明共集电极电路的输出与输入电压数值近似相等，且相位相同，输出电压跟随输入电压的变化而变化，因此射极输出器又可称为电压跟随器。

② 输入电阻。

由图 2.2.3-27 可知：
$$r'_i = \frac{u_i}{i_b} = \frac{i_b r_{be} + (1+\beta)i_b R'_L}{i_b} = r_{be} + (1+\beta)R'_L$$
$$r_i = r'_i // R_b = [r_{be}+(1+\beta)R'_L] // R_b \qquad (2.2\text{-}48)$$

与共射极放大电路比较，射极输出器的输入电阻较高。射极输出器的输入电阻可达几十千欧到几百千欧。

③ 输出电阻。

计算输出电阻的电路如图 2.2.3-28 所示。

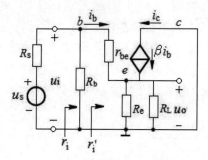

图 2.2.3-27 共集电极电路的微变等效电路

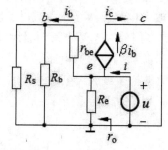

图 2.2.3-28 计算输出电阻的电路

由图可知：
$$i = i_{Re} + \beta\, i_b + i_b = i_{Re} + (1+\beta)i_b = \frac{u}{R_e} + (1+\beta)\frac{u}{r_{be}+R'_S}$$

式中：
$$R'_S = R_S // R_b$$

所以：
$$r_o = \frac{u}{i} = \frac{1}{\dfrac{1}{R_e} + \dfrac{1}{\dfrac{r_{be}+R'_S}{1+\beta}}} = R_e // \left(\frac{r_{be}+R'_S}{1+\beta} \right) \qquad (2.2\text{-}49)$$

通常有：
$$R_e \gg \frac{r_{be}+R'_S}{1+\beta}$$

所以：
$$r_o \approx \frac{r_{be} + R'_S}{1+\beta} = \frac{r_{be} + (R_S /\!/ R_b)}{1+\beta}$$
（2.2-50）

例如，当三极管的 $\beta = 50$，$r_{be} = 1k\Omega$，$R_b = 100k\Omega$，$R_S = 50\Omega$，算得 $r_o = 21\Omega$。表明射极输出器的输出电阻是很低的，一般在几十欧到几百欧的范围内。

射极输出器的特点：电压放大倍数小于1而近似于1，输出电压与输入电压同相；输入电阻高，输出电阻低。

虽然射极输出器的电压放大倍数小于1，但它的输入电阻高，可减小放大器对信号源（或前级）所取的信号电流；它的输出电阻低，可减小负载变动对放大倍数的影响。

另外，射极输出器对电流仍有放大作用。由于它具有这样的优点，所以射极输出器获得了广泛的应用。

四、多级放大电路

1. 多级放大电路的组成

基本放大电路，其电压放大倍数一般只能达到几十至几百。在实际工作中，输入信号往往非常微弱，要将其放大到能推动负载工作，仅通过单级放大电路放大往往达不到要求，必须通过多个单级放大电路连续多次放大，才可满足实际要求。

多级放大电路由两级或两级以上放大电路所组成，其组成可用图 2.2.4-1 所示的框图来表示。通常称多级放大电路的第一级为输入级，对于输入级，一般采用输入阻抗较高的放大电路，以便从信号源获得较大的电压输入信号；中间级主要实现电压信号的放大，一般用多级放大电路完成；通常把多级放大电路的最后一级称为输出级，主要用于功率放大，要求放大电路输出电阻较小，以驱动负载工作。

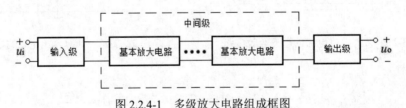

图 2.2.4-1　多级放大电路组成框图

2. 多级放大电路的耦合方式

多级放大电路中，前级电路输出和后级电路输入之间的连接方式称为耦合。多级放大电路的级间耦合必须满足：

* 耦合后，保证各级电路具有合适的静态工作点。
* 保证信号在级间能够顺利地传输。
* 耦合后，多级放大电路的性能指标满足实际的需求。

为满足上述要求，多级放大电路的级间耦合方式常采用：阻容耦合、直接耦合、变压器耦合。

（1）阻容耦合。

前级放大电路的输出端通过电容接到后级放大电路的输入端的连接方式称为阻容耦合方式，电路如图 2.2.4-2 所示，这个电容称为耦合电容。

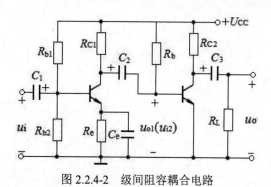

图 2.2.4-2 级间阻容耦合电路

阻容耦合电路的特点：

- 由于电容具有"隔直"作用，各级电路的静态工作点相互独立、互不影响，这给放大电路的调试带来很大方便。此外，该电路还具有体积小、重量轻等优点。
- 电容对交流信号具有一定的容抗，在信号传输过程中会受到不同程度的衰减，尤其对于变化缓慢的信号容抗较大，不便于传输。此外，在集成电路中，制造大容量的电容很困难，所以这种耦合方式不适用于电路的集成。

（2）直接耦合。

为避免电容对缓慢变化信号传输带来不良影响，可把级间直接用导线连接起来，这种连接方式称为直接耦合，电路如图 2.2.4-3 所示。

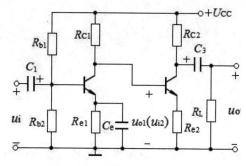

图 2.2.4-3 级间直接耦合电路

直接耦合电路的特点：

- 既可以放大交流信号，也可以放大直流和变化缓慢的信号，电路简单、便于集成。集成电路多采用这种耦合方式。
- 各级静态工作点相互牵制，存在零点漂移问题。

（3）变压器耦合。

变压器耦合方式是将前一级放大电路的输出端通过变压器接到后一级放大电路的输入端或直接接负载电阻的连接方式，电路如图 2.2.4-4 所示。

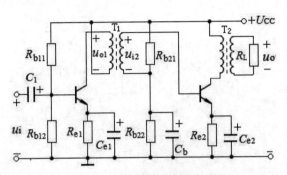

图 2.2.4-4　级间变压器耦合电路

变压器耦合电路的特点：

- 各级直流通路之间是不连通的，因此各级静态工作点独立，便于分析、设计和调试；由于变压器具有阻抗变换作用，能够实现阻抗匹配，获得最大输出功率。
- 电路低频特性差，不能放大变化缓慢的信号；由于变压器的体积、重量较大，不便于电路集成。

3．多级放大电路的性能指标估算

（1）电压放大倍数。

由图 2.2.4-2 可知，第一级电压放大倍数：$A_{u1} = \dfrac{u_{o1}}{u_i}$

第二级电压放大倍数：$\quad A_{u2} = \dfrac{u_o}{u_{i1}} = \dfrac{u_o}{u_{o1}}$

总的电压放大倍数：$\quad A_u = \dfrac{u_o}{u_i} = \dfrac{u_{o1}}{u_i} \cdot \dfrac{u_o}{u_{o1}} = A_{u1} \cdot A_{u2}$　　　　　　（2.2-51）

推广到 n 级放大器：

$$A_u = A_{u1} \cdot A_{u2} \cdot A_{u3} \cdots \cdots A_{un} \qquad (2.2\text{-}52)$$

（2）输入电阻。

输入级（第一级）电路的输入电阻为多级放大电路的输入电阻，即：

$$r_i = r_{i1} \qquad (2.2\text{-}53)$$

（3）输出电阻。

末级放大电路的输出电阻为多级放大电路的输出电阻，即：

$$r_o = r_{on} \qquad (2.2\text{-}54)$$

五、负反馈放大电路

1. 负反馈放大电路的基本组成

所谓反馈，就是把放大电路的输出信号（电压或电流）的部分或全部通过一定的电路形式（反馈网络）引回到电路的输入端。有反馈的放大器称为反馈放大器，其组成框图如图 2.2.5-1 所示。

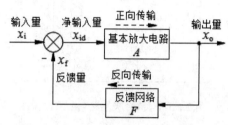

图 2.2.5-1　负反馈放大电路组成框图

反馈放大器由两部分组成，即基本放大电路和反馈网络。框图中，A 是基本放大电路的放大倍数，F 表示反馈网络的反馈系数；x_i、x_o、x_f、x_{id} 分别表示输入信号、输出信号、反馈信号和净输入信号；$\otimes$ 表示比较环节；带箭头的线条表示信号传输方向。

2. 反馈的类型与判断

根据反馈的极性、反馈信号的取样对象、反馈信号在输入回路中连接方式的不同，反馈可分为以下几类：

（1）正反馈和负反馈。

如果反馈信号与输入信号极性相同，使净输入信号增强，称为正反馈；如果反馈信号与输入信号极性相反，使净输入信号减小，称为负反馈。正反馈一般用于振荡电路中，一般放大器均采用负反馈放大器。

通常采用瞬时极性法来判断反馈的极性。先假定输入信号在某瞬间对地极性为（+），然后根据各级电路输入信号与输出信号的相位关系从而得出反馈信号的极性,最后判断反馈信号是增强还是消弱净输入信号，进而判定反馈的极性。

【例 2.4】判断图 2.2.5-2 所示电路的反馈极性。

解： 图 2.2.5-2 所示电路为两级直接耦合放大电路。输出电压通过电阻 R_6、R_4 分压，在电阻 R_4 上形成反馈电压 u_f，使净输入电压改变，所以电路存在反馈，电阻 R_6、R_4 即为反馈网络。

假设放大电路输入端瞬时极性为（+），因第一级为共射极放大电路，所以其集电极瞬时极性为（−）；第二级电路基极为（−），集电极瞬时极性为（+），通过反馈网络 R_6、R_4 的反馈作用，使 VT_1 管发射极电位上升，净输入电压 $u_{be1} = u_i - u_f$ 减小，因此引入的反馈为负反馈。

对分立元件组成的反馈放大电路，正负反馈的判断有以下特点：输入信号与反馈信号在三极管不同端子引入时，若反馈信号与输入信号极性相同则引入的反馈为负反馈，若两者极性相反则为正反馈；输入信号与反馈信号在三极管同一端子引入时，若反馈信号与输入信号极性相同则引入的反馈为正反馈，若两者极性相反则为负反馈。

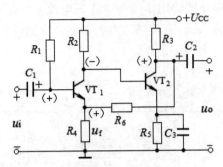

图 2.2.5-2　瞬时极性法判断反馈极性

（2）直流反馈和交流反馈。

在放大电路中同时存在直流量和交流量。若反馈信号是交流量，则称为交流反馈；若反馈信号是直流量，则称为直流反馈；若反馈信号中既有直流量又有交流量，则电路既存在直流反馈又存在交流反馈。

如图 2.2.5-3（a）所示的电路，对直流信号来讲，电容 C_f 相当于开路，其直流通路如图 2.2.5-3（b）所示。由于输出与输入间无反馈通路，所以两级放大电路之间不存在直流反馈。

而对交流信号而言，电容 C_f 相当于短路，其交流通路如图 2.2.5-3（c）所示，由于电阻 R_f 接在输出和输入电路之间，所以存在交流反馈。

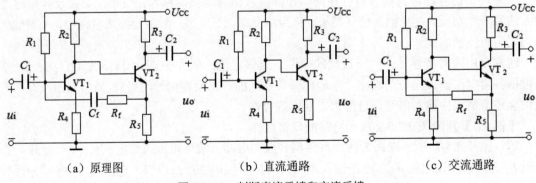

（a）原理图　　　　　　（b）直流通路　　　　　　（c）交流通路

图 2.2.5-3　判断直流反馈和交流反馈

（3）电压反馈和电流反馈。

根据反馈信号在输出端取出方式的不同，反馈可分为电压反馈和电流反馈。

若反馈信号取自输出电压，如图 2.2.5-4（a）所示，则称为电压反馈。其反馈信号（电压或电流）正比于输出电压。

如果反馈信号取自输出电流，如图 2.2.5-4（b）所示，则称为电流反馈。其反馈信号（电压或电流）正比于输出电流。

电压反馈的取样环节与放大器输出端并联，电流反馈的取样环节与放大器输出端串联。

在实际判断中，假定输出电压 $u_o = 0$，若反馈不存在，则反馈为电压反馈；如果反馈仍然存在，则为电流反馈。

电路如图 2.2.5-5 所示。图中有两条反馈通路，由 R_{f2}、R_4 引入的反馈电压 u_{f2} 与输出电压成正比，如令 $u_o = 0$，反馈信号消失，说明它属于电压反馈。

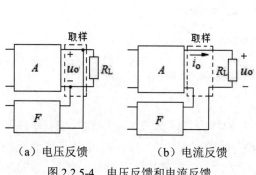

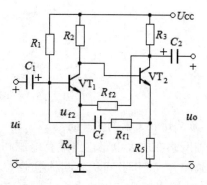

（a）电压反馈　　　（b）电流反馈

图 2.2.5-4　电压反馈和电流反馈

图 2.2.5-5　电压反馈和电流反馈的判断

由 R_{f1}、电容 C_f 组成的反馈信号，在 $u_o = 0$ 时，反馈信号仍存在，说明它属于电流反馈。

对于由分立元件组成的共发射极反馈放大电路，其电压、电流反馈的类型有如下规律：反馈信号从三极管的集电极引出，则反馈为电压反馈；反馈信号从三极管的发射极引出，则反馈为电流反馈。

（4）串联反馈和并联反馈。

根据反馈信号在输入端与输入信号连接方式的不同，反馈又分为串联反馈和并联反馈。

图 2.2.5-6（a）所示的电路中，反馈信号以电压形式出现，在输入端与输入电压串联加到放大器的输入端，称为串联反馈。

图 2.2.5-6（b）所示的电路中，反馈信号以电流形式出现，在输入端与输入电流并联作用于放大器输入端，称为并联反馈。

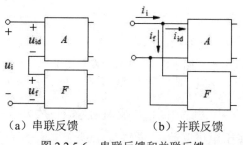

（a）串联反馈　　　　（b）并联反馈

图 2.2.5-6　串联反馈和并联反馈

对于由分立元件组成的共发射极反馈放大电路，其串联、并联反馈的类型有如下规律：若反馈信号从三极管的基极引入，则反馈为并联反馈；若反馈信号从三极管的发射极引入，则反馈为串联反馈，如图 2.2.5-7 所示。

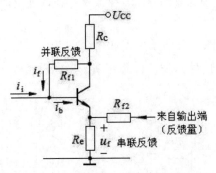

图 2.2.5-7　串联反馈和并联反馈的判断

3. 负反馈放大器的四种组态

反馈网络在放大电路输出端有电压和电流两种取样方式，在放大电路输入端有串联和并联两种求和方式，因此可构成四种组态（或称类型）的负反馈放大电路，即电压串联负反馈放大电路、电压并联负反馈放大电路、电流串联负反馈放大电路和电流并联负反馈放大电路。

（1）电压串联负反馈。

电路如图 2.2.5-8 所示。输出电压 u_o 经反馈电阻 R_e 全部反馈到输入端，$u_f = u_o$，属于电压反馈；在输入回路，净输入电压 $u_{BE} = u_i - u_f$，所以为串联反馈；用瞬时极性法可判断为负反馈，所以图 2.2.5-8 所示电路为电压串联负反馈放大电路。

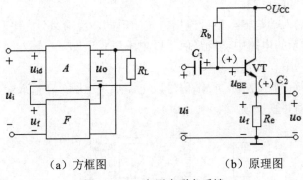

（a）方框图　　　　　　　（b）原理图

图 2.2.5-8　电压串联负反馈

（2）电压并联负反馈。

电路如图 2.2.5-9 所示。R_f 是反馈网络，反馈信号取自放大电路电压输出端，令 $u_o = 0$，反馈信号 i_f 消失，说明它属于电压反馈。

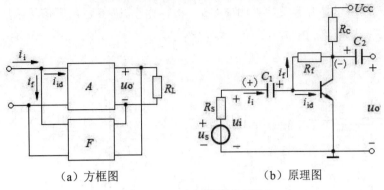

（a）方框图　　　　　　　　（b）原理图

图 2.2.5-9　电压并联负反馈

　　输入信号与反馈信号均从输入端引入，且以电流的形式在输入回路相比较，所以是并联反馈；从图中的瞬时极性判断，电路为负反馈，故图 2.2.5-9 所示电路是电压并联负反馈电路。

　　电压负反馈具有稳定输出电压的作用。

　　例如，当 u_i 大小一定，负载电阻 R_L 减小而使 u_o 下降时，该电路能自动进行以下调整：

$$R_L\downarrow \longrightarrow u_o\downarrow \longrightarrow u_f\downarrow \xrightarrow{u_i\text{一定}} u_{BE}\uparrow$$
$$u_o\uparrow \longleftarrow \qquad\qquad\qquad$$

　　可见，通过电压负反馈使 u_o 基本不受 R_L 变化的影响，说明电压负反馈电路具有较好的恒压输出特性。

　　（3）电流串联负反馈。

　　电路如图 2.2.5-10 所示。根据极性判断可知电路为负反馈；反馈电压 u_f 与输入电压 u_i 不在同一节点引入，所以是串联反馈；如果令 $u_o = 0$，由于 $i_0 \neq 0$，反馈信号 u_f 依然存在，说明它是电流反馈，所以该电路为电流串联负反馈电路。

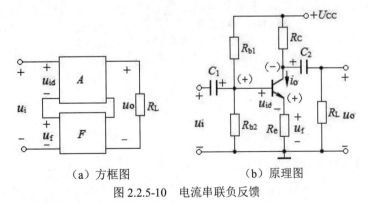

（a）方框图　　　　　　　　（b）原理图

图 2.2.5-10　电流串联负反馈

　　（4）电流并联负反馈。

　　电路如图 2.2.5-11 所示。根据瞬时极性判断可知电路为负反馈电路；反馈信号与输入信号在同一节点引入，所以是并联反馈；如果令 $u_o = 0$ ，由于 $i_0 \neq 0$ ，反馈信号依然存在，说明它是电流反馈，所以该电路为电流并联负反馈电路。

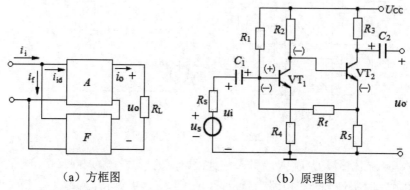

| （a）方框图 | （b）原理图 |

图 2.2.5-11　电流并联负反馈

电流负反馈电路具有稳定输出电流的作用。例如，当 u_i 一定，由于负载电阻 R_L 变动（或三极管 β 值下降）使输出电流 i_o 减小时，通过电流负反馈，使放大电路的净输入信号增加，输出电流 i_o 增加，从而使输出电流得到稳定，电路自动调整过程如下：

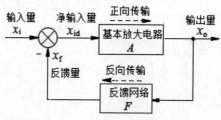

4. 负反馈放大电路放大倍数的一般表达式

（1）负反馈放大电路放大倍数的一般表达式。

负反馈放大电路的组成框图如图 2.2.5-12 所示。

```
输入量          净输入量      正向传输              输出量
 x_i             x_id    ┌─────────────┐          x_o
  ──────→ ⊗ ──────→     │  基本放大电路  │ ──────→
         - ↑            │      A      │
           │ x_f        └─────────────┘
         反馈量          反向传输
                        ┌─────────────┐
                        │  反馈网络     │
                        │      F      │
                        └─────────────┘
```

图 2.2.5-12　负反馈放大电路组成框图

根据图中的极性可得净输入信号 x_{id} 是输入信号 x_i 与反馈信号 x_f 之差，即：

$$x_{id} = x_i - x_f \qquad (2.2\text{-}55)$$

放大电路的输出信号 x_o 与净输入信号 x_{id} 之比称为基本放大电路的放大倍数，也称开环放大倍数，即：

$$A = \frac{x_o}{x_{id}} \qquad (2.2\text{-}56)$$

反馈信号 x_f 与输出信号 x_o 之比称为反馈系数，即：

$$F = \frac{x_f}{x_o} \qquad (2.2\text{-}57)$$

负反馈放大电路的输出信号 x_o 与输入信号 x_i 之比称为负反馈放大电路的放大倍数，也称闭环放大倍数，用 A_f 表示，即：

$$A_f = \frac{x_o}{x_i} \qquad (2.2\text{-}58)$$

将式（2.2-55）至式（2.2-57）代入式（2.2-58）得：

$$A_f = \frac{x_o}{x_i} = \frac{x_o}{x_{id} + x_f} = \frac{x_o}{x_{id} + AFx_{id}} = \frac{x_o}{x_{id}(1+AF)} = \frac{A}{1+AF} \qquad (2.2\text{-}59)$$

式（2.2-59）为负反馈电路放大倍数的一般表达式。

（2）一般表达式的分析。

由式（2.2-59）可以看出，放大器引入负反馈后，放大倍数与 $(1+AF)$ 这一因素有关，下面分三种情况加以讨论：

- 如 $|1+AF| > 1$，得 $|A_f| < |A|$，即引入反馈后放大倍数减小，这种反馈称为负反馈。

- 如 $|1+AF| < 1$，得 $|A_f| > |A|$，即引入反馈后放大倍数增大，这种反馈称为正反馈。

- 如 $|1+AF| = 0$，则 $|A_f| \to \infty$，说明放大器在没有输入信号时也有输出信号，这时放大器变成了一个振荡器，关于这个问题将在本书后面部分进行讨论。

（3）反馈深度。

在负反馈放大电路中 $|1+AF| > 1$，$|1+AF|$ 越大，放大倍数越小。因此，$|1+AF|$ 的值是衡量反馈程度的一个重要指标，称为反馈深度。

5. 负反馈对放大电路性能的影响

负反馈虽然使放大器的放大倍数下降，但能从多个方面改善放大电路的性能，分析如下：

（1）提高放大倍数的稳定性。

放大电路未引入负反馈时，由于多种原因，例如环境温度的变化、器件的老化、负载的变化等，均会导致放大器放大倍数的变化。

引入负反馈后，当输入信号一定时，电压负反馈能使输出电压基本稳定，电流负反馈能使输出电流基本维持恒定，总的来说就是能维持放大倍数恒定。

当反馈深度很深及 $|1+AF| \gg 1$ 时，式（2.2-59）可简化为：

$$A_f = \frac{A}{1+AF} \approx \frac{A}{AF} = \frac{1}{F} \qquad (2.2\text{-}60)$$

引入负反馈后，放大器的放大倍数只决定于反馈系数，而与基本放大器放大倍数 A 几乎无关。反馈网络一般由性能稳定的无源线性元件（如 R、C 等）所组成，因此引入负反馈后放大倍数是比较稳定的。

（2）减小非线性失真。

由于放大电路存在非线性元件（如三极管），当输入信号幅度较大时，放大器件的工作点可能延伸到特性曲线的非线性部分，因而使输出波形产生非线性失真。

如图 2.2.5-13（a）所示，当放大电路无反馈时，假设电路存在失真，输入信号 x_i 经放大器 A 后，输出信号 x_o 变成正半周幅度大、负半周幅度小的输出波形。

引入负反馈后，假定反馈网络是纯电阻网络，将正半周幅度大、负半周幅度小的输出信号反馈到信号输入端，与输入信号进行比较，使净输入 x_{id} 产生正半周幅度小、负半周幅度大的失真信号，这个失真信号经基本放大电路放大后可在输出端输出接近正弦波的波形，如图 2.2.5-13（b）所示。

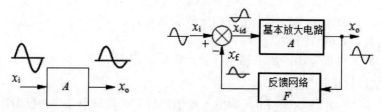

（a）无反馈时的信号波形　　　　　（b）引入负反馈后的信号波形

图 2.2.5-13　负反馈对非线性失真的影响

引入负反馈还可以抑制电路内部的干扰和噪声，扩展放大电路信号的通频带等，在此不再详述，读者可参考有关文献。

6. 对输入电阻和输出电阻的影响

（1）负反馈对输入电阻的影响。

负反馈对输入电阻的影响取决于是串联反馈还是并联反馈，而与输出端的反馈类型无关。

1）串联负反馈使输入电阻增加。

在串联负反馈电路中，反馈电压与输入信号电压串联，如图 2.2.5-14（a）所示。

由图可知：

$$r_{if} = \frac{u_i}{i_i} = \frac{u_{id} + u_f}{i_i} = \frac{u_{id} + AFu_{id}}{i_i} = r_i(1 + AF) \tag{2.2-61}$$

其中 r_i 是基本放大器的输入电阻。

可见，引入串联负反馈后，闭环输入电阻 r_{if} 是未加反馈时开环输入电阻 r_i 的 $(1 + AF)$ 倍，其输入电阻增大。

2）并联负反馈使输入电阻减小。

在并联负反馈电路中，反馈电流与输入信号电流并联，如图 2.2.5-14（b）所示。

任务二

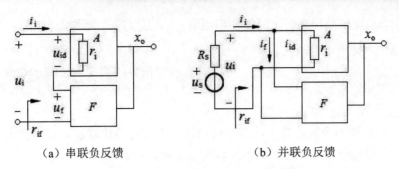

（a）串联负反馈　　　　　　　　　（b）并联负反馈

图 2.2.5-14　负反馈对输入电阻的影响

输入电阻为：

$$r_{if} = \frac{u_i}{i_i} = \frac{u_i}{i_{id} + i_f} = \frac{u_i}{i_{id} + AFi_{id}} = \frac{u_i}{i_{id}(1+AF)} = \frac{r_i}{1+AF} \qquad (2.2\text{-}62)$$

由式可以看出，引入并联负反馈后，闭环输入电阻 r_{if} 是未加负反馈时开环输入电阻 r_i 的 $1/(1+AF)$ 倍，反馈深度越深，r_{if} 越小。

（2）负反馈对输出电阻的影响。

负反馈对输出电阻的影响取决于反馈取样是电压还是电流，而与输入端的连接方式无关。

1）电压负反馈使输出电阻减小。

电压负反馈方框图如图 2.2.5-15（a）所示。当输入信号一定时，因电压负反馈能维持输出电压恒定，负反馈放大器对负载而言相当于一个电压源。电压源的内阻很小，所以电压负反馈电路的输出电阻很小。

可以证明，电压负反馈电路的输出电阻 r_{of} 是无反馈时电路输出电阻 r_o 的 $1/(1+AF)$ 倍，且反馈深度越深，输出电阻越小。

2）电流负反馈使输出电阻增大。

电流负反馈方框图如图 2.2.5-15（b）所示。电流负反馈能维持输出电流的恒定。也就是说，当输入信号一定时，电流负反馈电路对负载而言相当于一个电流源。电流源的输出电阻很大，所以电流负反馈电路的输出电阻很大。

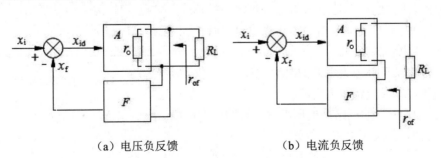

（a）电压负反馈　　　　　　　　　（b）电流负反馈

图 2.2.5-15　负反馈对输出电阻的影响

可以证明，有电流负反馈时电路的输出电阻 r_{of} 是无反馈时电路输出电阻 r_o 的 $(1+AF)$ 倍，且反馈深度越深，输出电阻越大。

总之，在放大电路中引入负反馈，可以提高放大倍数的稳定性、减小非线性失真、展宽频带、改变输入输出电阻等。

7. 深度负反馈放大电路的计算

关于负反馈电路的分析计算，原则上可以使用微变等效电路法。由于负反馈电路比较复杂，计算起来比较困难，从工程实际出发，可以采用近似计算。

（1）深度负反馈电路的特点。

在负反馈放大电路中，一般 $1+AF \geqslant 10$ 时，就可认为是深度负反馈。此时，由于 $1+AF \approx AF$，因此有：

$$A_f = \frac{A}{1+AF} \approx \frac{A}{AF} = \frac{1}{F} \qquad (2.2\text{-}63)$$

1）深度负反馈的闭环增益 A_f 近似等于反馈系数的倒数。其数值仅由构成反馈网络的阻值决定，而与放大电路的开环增益几乎无关。

2）外加输入信号近似等于反馈信号，由式（2.2-63）可知：

$$\frac{x_o}{x_i} \approx \frac{x_o}{x_f}$$

则： $$x_i \approx x_f \qquad (2.2\text{-}64)$$

在深度负反馈的条件下，由于 $x_i \approx x_f$，放大器的净输入信号 $x_{id} \approx 0$。因而在分析计算时，对于串联负反馈，有 $u_i \approx u_f$；对于并联负反馈，有 $i_i \approx i_f$。

3）由于 $1+AF \gg 1$，放大电路的闭环输入电阻和输出电阻可近似看成零或无穷大，即：深度串联负反馈时，$r_{if} \to \infty$；深度并联负反馈时，$r_{if} \to 0$；深度电流负反馈时，$r_{of} \to \infty$；深度电压负反馈时，$r_{of} \to 0$。

上述闭环电路的输入输出电阻没有包括反馈环外的电阻。在计算负反馈电路的输入输出电阻时，还要考虑环外电阻的影响。

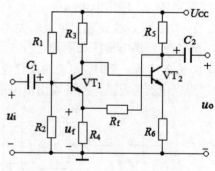

图 2.2.5-16　电压串联负反馈电路

（2）深度负反馈放大电路的参数估算。

1）电压串联负反馈放大电路。

图 2.2.5-16 所示的电路是电压串联负反馈放大电路。

由图可知，其反馈电压信号为：

$$u_f = \frac{R_4}{R_4 + R_f} u_o$$

则：
$$F = \frac{u_f}{u_o} = \frac{R_4}{R_4 + R_f}$$

在深度负反馈条件下，由式（2.2-63）可估算出 A_f 的值为：
$$A_{uf} = \frac{1}{F} = \frac{R_4 + R_f}{R_4} = 1 + \frac{R_f}{R_4}$$

2）电压并联负反馈电路。

图 2.2.5-17 所示为电压并联负反馈放大电路。

由于 $i_{id} \approx 0$，所以：
$$u_{be} \approx 0$$
$$i_i \approx \frac{u_s}{R_s} \approx i_f = -\frac{u_o}{R_f}$$
$$A_{uf} = \frac{u_o}{u_S} = -\frac{R_f}{R_S}$$

3）电流串联负反馈电路。

图 2.2.5-18 所示为电流串联负反馈电路。从图中可得：
$$u_i \approx u_f = i_o R_e = -\frac{u_o}{R_L'} R_e$$

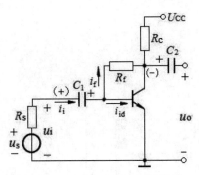

图 2.2.5-17　电压串联负反馈电路

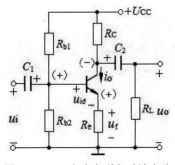

图 2.2.5-18　电流串联负反馈电路

其中 $R_L' = R_c /\!/ R_L$，因此电压放大倍数为：
$$A_{uf} = \frac{u_o}{u_i} \approx \frac{u_o}{u_f} = -\frac{R_L'}{R_e}$$

4）电流并联负反馈电路。

图 2.2.5-19 所示为电流并联负反馈电路。

由于 $i_{e2} = -i_o$，可得：
$$i_i \approx i_f = -i_{e2} \frac{R_{e2}}{R_{e2} + R_f} = i_o \frac{R_{e2}}{R_{e2} + R_f}$$

$$A_{uf} = \frac{u_o}{u_S} \approx \frac{i_o R_L'}{i_i R_S} = \frac{R_{e2} + R_f}{R_{e2}} \frac{R_L'}{R_S}$$

其中 $R_L' = R_L // R_{e2}$。

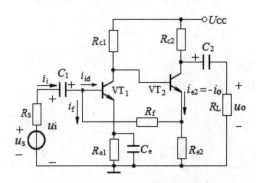

图 2.2.5-19　电流并联负反馈电路

　　由上述分析可知，对负反馈放大电路的分析近似估算，必须满足深度负反馈的条件，否则将会引起较大误差。

【任务实施】

一、任务分析

1. 助听器电路原理图
助听器电路原理图如图 2.3.1-1 所示。

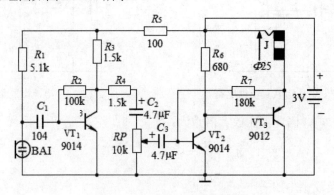

图 2.3.1-1　助听器电路原理图

2. 电路分析
　　助听器电路实质上是一个低频放大器，可用耳机进行放音，当使用者戴上耳机后，可提高听者的听觉。助听器由话筒、前置低放、功率放大电路和耳机等几部分组成。

　　驻极体话筒 BM 作换能器，它将声波信号转换为相应的电信号，并通过耦合电容 C_1 送至前置低放进行放大，R_1 是驻极体话筒 BM 的偏置电阻，即给话筒正常工作提供偏置电压。

　　VT_1、R_2、R_3 等元件组成前置低频放大电路，R_2 构成电压并联负反馈。将经 C_1 耦合来的音频信号进行前置放大，放大后的音频信号经 R_4、C_2 加到电位器 R_P 上，电位器 R_P 用来调节音量。

　　VT_2、VT_3 通过电阻 R_7 构成级间电压并联负反馈两级放大电路，其中 VT_3 为射极输出器电路，将音频信号放大，并通过耳机插孔推动耳机工作。

　　3．电路元器件参数

　　电路元件参数如表 2-1 所示。

表 2-1　助听器元件清单表

序号	名称	型号	符号	数量	序号	名称	型号	符号	数量
1	三极管	9014	VT_1、VT_2	2 只	7	瓷片电容	104	C_1	1 只
2	三极管	9012	VT_3	1 只	8	电解电容	4.7μ	C_3	2 只
3	电阻	100、680	R_5、R_6	各 1 只	9	驻极体		BM	1 个
4	电阻	1.5k	R_3、R_4	2 只	10	插座	φ2.5		1 个
5	电阻	5.1k、100k、180k	R_1、R_2、R_7	各 1 只	11	导线			2 根
6	可调电阻	10k	R_P	1 只	12	线路板	42mm×25mm		1 块

二、任务实施

　　1．装配前的准备

　　（1）制作工具及测量仪器仪表。

　　焊接工具：电烙铁（20～35W）、烙铁架、焊锡丝、松香。

　　制作工具：尖嘴钳、平口钳、镊子。

　　测试仪器仪表：万用表、信号发生器、毫伏表。

　　（2）印刷电路板检查。

　　电路装配印刷电路板设计图如图 2.3.2-1 所示。

　　1）印制板板面应平整，无严重翘曲，边缘整齐，无明显碎裂、分层及毛刺，表面无被腐蚀的铜箔，线路面有可焊的保护层。

　　2）导线表面光洁，边缘无影响使用的毛刺和凹陷，导线不应断裂，相邻导线不应短路。

　　3）焊盘与加工孔中心应重合，外形尺寸、导线宽度、孔径位置尺寸应符合设计要求。

　　2．元器件的检测

　　（1）话筒检测。

　　BM 是驻极体话筒，它有两个电极：一个叫漏极，用字母 D 表示；一个叫源极，用字母 S 表示，两个电极之间电阻为 2kΩ 左右。用万用表 R×1K 挡测两个电极并对着话筒正面轻轻吹气，它的阻值将随之增大，说明此话筒性能良好，万用表指针摆动的范围越大，话筒灵敏度越高。

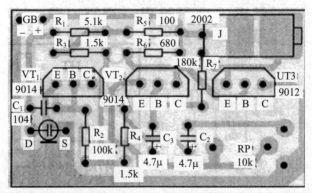

图 2.3.2-1　印刷电路板图

（2）三极管的识别与检测。

三极管可通过外形、型号、查阅资料识别出类型（NPN、PNP）、引脚排列、制作材料（锗、硅）等，也可通过万用表来识别其类型和引脚。

1）基极的判别。

万用表电阻挡置于 $R\times100$ 或 $R\times1K$ 挡。假设三极管的某一极为"基极"，万用表的黑表笔搭在假设的"基极"上，红表笔分别与另外两电极相连，如果两次测量的阻值均"大"或"小"，再将表笔换过来，即用红表笔接在假定的"基极"上，用黑表笔分别与两个电极相连，如果两次测的阻值与前一次相反，则假定的"基极"为真正的基极，如图 2.3.2-2 所示；如果测得的阻值不是同时"大"或同时"小"，说明假设不正确，需要重新假定，再次测量。

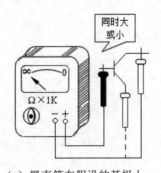
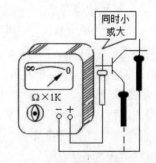

（a）黑表笔在假设的基极上　　　　（b）红表笔在假设的基极上

图 2.3.2-2　三极管基极的判定

2）管型的判别。

在判出基极的前提下，黑表笔接基极，红表笔分别接另外两个电极，测量基极与另外两个电极之间的电阻。若测得的电阻两次都较小，则此三极管为 NPN 型；若测得的电阻两次都较大，则此三极管为 PNP 型，如图 2.3.2-3 所示。

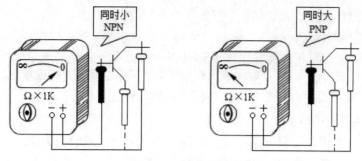

图 2.3.2-3　三极管管型的判定

3）发射极和集电极的判别。

在已知三极管基极和管型的前提下，先假设其中一个电极为集电极，另一个为发射极，用拇指和食指捏住基极和假设的集电极（两极不能相碰，相当于在两极之间加上一个较大的偏置电阻），然后用万用表的黑表笔接假设的集电极，红表笔接假设的发射极。

对于 NPN 型三极管，若此时电阻较小，则假设正确，否则假设错误；对于 PNP 型三极管，若测量的电阻小，则假设错误，否则假设正确，如图 2.3.2-4 所示。

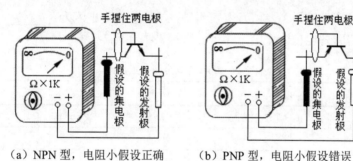

（a）NPN 型，电阻小假设正确　　（b）PNP 型，电阻小假设错误

图 2.3.2-4　三极管集电极、发射极的判定

（3）三极管的质量检测。

在已知三极管电极和类型的前提下，可用万用表初步判断三极管的好坏。

万用表挡位置于 $R \times 100$ 或 $R \times 1K$ 挡，对于 NPN 型三极管，万用表黑表笔接基极，红表笔分别接集电极和发射极，测量基极与集电极、发射极之间的电阻，正常的三极管，此时两个电阻都较小；反过来测量，即红表笔接基极，黑表笔分别接集电极、发射极，两个电阻都应较大；再测量集电极和发射极之间的正、反向电阻均很大。

满足上述三个条件，则三极管质量正常。对于 PNP 型三极管，可根据上述方法进行分析，在此不再详述。

3．电路装配

（1）元器件成形与引脚处理。

元器件采用卧式插装，在装机前先要对各元器件引脚进行成形处理，再将各元器件引脚准备焊接处进行刮削去污、去氧化层，然后在各引脚准备焊接处上锡。

（2）元件插装与固定。

将经过成形、处理过的元器件按图 2.3.2-1 所示进行插装，插装顺序按"先小后大"原则进行。先安装电阻 $R_1 \sim R_7$、C_1，再安装三极管 $VT_1 \sim VT_3$，最后安装电解电容器 C_2、C_3 和电位器 R_P。插装时各元器件均不能插错，特别要注意有极性元件不能插反。

（3）元器件的焊接与整理。

要求焊点大小适中，无漏、假、虚、连焊，焊点光滑、圆润、干净，无毛刺；细心处理好每一个焊点，保证焊接质量，焊好后剪掉多余的引线。

4．电路调试

（1）电路调试步骤。

先测量放大电路的静态工作点，再测试助听器的交流放大倍数。

（2）电路测试。

1）仔细检查、核对电路元器件的参数、电解电容器的极性、三极管的管脚，确认无误后通入直流电压 3V。

2）静态工作点的测量。

① 将音量电位器调到最小，用万用表测量整机静态工作电流为：＿＿＿＿＿＿＿＿＿。

② 测试各三极管各电极工作电压并将记录结果填入表 2-2 中。

表 2-2　助听器电路静态工作点

三极管代号	U_B	U_E	U_C
VT_1			
VT_2			
VT_3			

（3）电路电压放大倍数的测量（记入表 2-3 中）。

保持静态工作点不变，用低频信号发生器在电路的输入端输入峰－峰值 30mV、频率 1kHz 的正弦信号（先断开话筒），用示波器观察输入、输出信号电压波形，用毫伏表测量输入、输出信号电压值，计算助听器的电压放大倍数。

表 2-3　助听器放大倍数的测量

条件	输入 1kHz 的正弦信号		
测量项目	u_i	u_o	A_u
数值			

三、任务评价

本任务的考评点及所占分值、考评方式、考评标准及本任务在课程考核成绩中的比例如表 2-4 所示。

表 2-4　助听器电路制作评价表

序号	考评点	分值	考核方式	评价标准			成绩比例（%）
				优	良	及格	
一	任务分析	20	教师评价（50%）+互评（50%）	通过资讯，能熟练掌握助听器电路的组成、工作原理，掌握电路元器件的功能，能分析、计算电路参数指标	通过资讯，能掌握助听器电路的组成、工作原理，掌握电路元器件的功能，了解电路参数指标	通过资讯，能分析助听器电路的组成、工作原理，了解电路元器件的功能	
二	任务准备	20	教师评价（50%）+互评（50%）	能正确使用仪器仪表识别、检测三极管等元器件，制定详细的安装制作流程与测试步骤	能正确使用仪器仪表识别、检测三极管等元器件，制定基本的安装制作流程与测试步骤	能正确识别、检测三极管等元器件，制定大致的安装制作流程与测试步骤	
三	任务实施	25	教师评价（40%）+互评（60%）	元器件成形尺寸准确，器件安装布局美观，焊接质量可靠，焊点规范、一致性好，能用万用表、示波器测量、观看关键点的数据和波形，电路调试一次成功	元器件成形尺寸准确，器件安装布局美观，焊接质量可靠，焊点规范、一致性好，能用万用表、示波器测量、观看关键点的数据和波形，电路调试一次成功	元器件成形尺寸有一定误差，器件安装布局美观，焊接质量可靠，焊点较规范，能用万用表、示波器测量、观看关键点的数据和波形，电路经过调试后能成功	15
四	任务总结	15	教师评价（100%）	有完整、详细的助听器电路的任务分析、实施、总结过程记录，并能提出电路改进的建议	有完整的助听器电路的任务分析、实施、总结过程记录，并能提出电路改进的建议	有完整的助听器电路的任务分析、实施、总结过程记录	
五	职业素养	20	教师评价（30%）+自评（20%）+互评（50%）	工作积极主动、仔细认真；遵守工作纪律，服从工作安排；遵守安全操作规程，爱惜器材与测量仪器仪表，节约焊接材料，不乱扔垃圾，工作台和环境卫生清洁	工作积极主动；遵守工作纪律，服从工作安排；遵守安全操作规程，爱惜器材与测量仪器仪表，节约焊接材料，不乱扔垃圾，工作台和环境卫生清洁	遵守工作纪律，服从工作安排；遵守安全操作规程，爱惜器材与测量仪器仪表，节约焊接材料，不乱扔垃圾，工作台卫生清洁	

四、知识总结

（1）三极管是一种电流控制器件，具有放大和开关作用。三极管有 PNP、NPN 两种类型。

（2）三极管根据其直流偏置不同，可以工作在截止、放大和饱和三种状态。要实现电流放大，三极管的发射结应正向偏置，集电结反向偏置。

（3）利用三极管的电流放大作用，可构成电压放大电路。

三极管放大电路有三种形式：共发射极放大电路、共集电极放大电路和共基极放大电路，其中共发射极放大电路、共集电极放大电路应用较多。

（4）衡量放大电路的性能指标主要有：电压放大倍数、输入电阻和输出电阻等。

（5）对放大电路的分析主要包含两个方面：

● 静态分析：静态分析的任务是确定电路的静态工作点，主要方法有估算法和图解法。

● 动态分析：动态分析主要计算电路的交流电压放大倍数、输入电阻和输出电阻，动态法分析常用图解法和微变等效电路法。

（6）反馈是把放大电路输出信号的一部分或全部通过反馈网络引回到输入回路中，与原输入信号相比较，从而改变放大电路的净输入信号，控制信号输出。

（7）正反馈和负反馈：正反馈可使放大倍数增加，但不能改善放大电路的其他性能，还可能引起自激；负反馈使放大倍数减小，但可以改善放大电路的性能，如稳定放大倍数、展宽通频带、减小非线性失真、抑制干扰和噪声、改变输入输出电阻等。

放大电路一般都引入负反馈。正负反馈的判别采用瞬时极性法。

（8）直流反馈和交流反馈：直流负反馈可稳定静态工作点，交流负反馈影响放大电路的交流性能。

（9）串联反馈和并联反馈：串联反馈是反馈信号与输入信号在输入回路以电压形式相比较，以调整净输入电压；并联反馈是反馈信号与输入信号在输入回路以电流形式相比较，以调整净输入电流。串联负反馈可提高放大电路的输入电阻，信号源内阻越小，则反馈作用越强；并联负反馈可降低放大电路的输入电阻，信号源内阻越大，反馈作用越强。

（10）电压反馈和电流反馈：反馈信号取自于输出电压，与输出电压成正比的是电压反馈；反馈信号取自于输出电流，与输出电流成正比的是电流反馈。电压负反馈可稳定输出电压，降低放大电路的输出电阻；电流负反馈可稳定输出电流，提高放大电路的输出电阻。

（11）负反馈放大电路的方框图可帮助我们正确理解负反馈放大电路的输入信号、反馈信号和净输入信号之间的相互关系，以及闭环放大倍数和开环放大倍数的相互关系。

（12）深度负反馈条件下，可根据 $A_f = \dfrac{1}{F}$ 或 $x_i \approx x_f$ 条件来估算放大倍数。

【知识拓展】

一、特殊三极管

1. 光电三极管

光电三极管又称光敏三极管，其等效电路相当于在三极管的基极和集电极之间接入一只光电二极管，如图 2.4.1-1 所示，光电二极管的电流相当于三极管的基极电流。

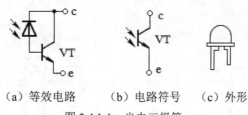

　　（a）等效电路　　　（b）电路符号　　（c）外形

图 2.4.1-1　光电三极管

　　在内部结构上，光敏三极管基区面积比发射区面积大很多，使光照面积增大，光电灵敏度比较高，电流放大作用大，在受到光照射时，集电极输出较大的光电流。

　　光电三极管有塑封、金属封装（顶部为玻璃镜窗口）、陶瓷、树脂等多种封装结构，引脚分为两脚型和三脚型。一般两个管脚的光电三极管管脚分别为集电极和发射极，而光窗口则为基极。

　　2. 光电耦合器

　　光电耦合器是将发光二极管和光敏元件（光敏电阻、光电二极管、光电三极管、光电池等）组装在一起而形成的四端口器件，其电路符号如图 2.4.1-2 所示。

　　其工作原理是将输入的电信号通过发光器件转变为光信号，光敏三极管接收光信号后又把光信号转为电信号传送给外加负载，实现了电－光－电的传递与转换。

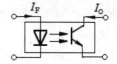

图 2.4.1-2　光电耦合器

　　光电耦合器主要用在高压开关、信号隔离器、电平匹配等电路中，起信号的传输和隔离作用。

二、结型场效应管

　　场效应晶体管（FET）是一种利用电场来控制输出电流的一种半导体元件，称为电压控制器件。场效应管有输入电阻高、噪声低、热稳定性能好、制造工艺简单等优点，广泛应用于各种电子电路中。

　　场效应晶体管按其结构可以分为结型场效应晶体管（简称 JFET）和绝缘栅场效应晶体管（简称 IGFET）两类。按参与导电的载流子分，分为 N 沟道和 P 沟道两种。由于它们仅靠半导体中的多数载流子（一种载流子）导电，又称单极型三极管。

　　1. 结型场效应晶体管的结构和工作原理

　　（1）基本结构和符号。

　　N 沟道结型场效应管的结构如图 2.4.2-1（a）所示，它是在一块 N 型半导体材料两边扩散高浓度的 P 型区，形成两个对称的 PN 结。

　　两个 P 型区连在一起引出的电极称为栅极 g，从 N 型半导体两端引出两个电极，分别称为源极 s、漏极 d；夹在两个 PN 结中间的 N 型区域称为导电沟道，故称此类结构的场效应管为 N 沟道结型场效应管，其符号如图 2.4.2-1（b）所示，其中箭头的方向表示栅极正向偏置时栅极电流由 P 区指向 N 区。图 2.4.2-1（c）和（d）是 P 沟道结型场效应管的结构和符号。

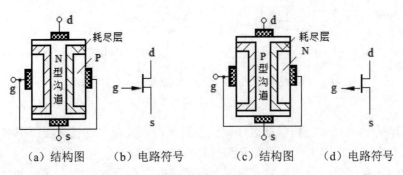

（a）结构图　　（b）电路符号　　（c）结构图　　（d）电路符号

图 2.4.2-1　结型场效应管结构与符号

（2）基本工作原理。

两种结型场效应管虽然结构不同，但工作原理相同。下面以图 2.4.2-2 所示的 N 沟道结型场效应管为例进行分析。

N 沟道结型场效应管工作于放大状态时，在漏极 d 和源极 s 之间加正向电压，即 $U_{DS} > 0$；而在栅极 g 和源极 s 之间加反向电压，即 $U_{GS} < 0$，如图 2.4.2-2 所示。

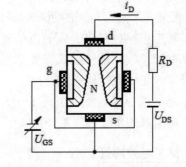

栅源反偏电压 U_{GS} 改变时，耗尽层宽度变化，沟道电阻也随之改变，在漏源电压 U_{DS} 作用下，漏极电流 i_D 也随之变化。即场效应管是通过 U_{GS} 的变化实现对漏极电流 i_D 的控制作用。

根据以上分析，可得出以下结论：

图 2.4.2-2　结型场效应管放大原理图

● 结型场效应管栅源之间的 PN 结是外加反向偏压的，所以它的输入电阻很大，几乎不从栅极输入信号电流。

● 在 U_{DS} 不变的情况下，栅源之间很小的电压变化可以引起漏极电流 i_D 相应的变化，通过 u_{GS} 来控制 i_D，所以场效应管是电压控制器件。

2. 结型场效应管的特性曲线

（1）输出特性曲线。

场效应管的输出特性是指在栅源电压 u_{GS} 一定的情况下，漏极电流 i_D 与漏源电压 u_{DS} 之间的关系，即：

$$i_D = f(u_{DS})\,|_{u_{GS}=常数}$$

图 2.4.2-3（a）所示为 N 沟道结型场效应管的输出特性曲线。根据场效应管的工作情况，输出特性曲线可分为三个工作区：可变电阻区、饱和区、截止区。

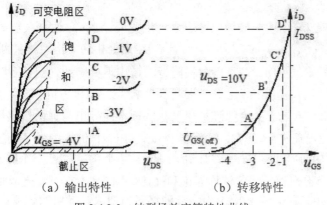

（a）输出特性　　　　　　　　　　（b）转移特性

图 2.4.2-3　结型场效应管特性曲线

以 $u_{GS}=0$ 的一条曲线为例讨论 u_{DS} 对 i_D 的影响，然后讨论其他情况。

1）可变电阻区。

当 $u_{GS}=0$ 且 $u_{DS}=0$ 时，沟道如图 2.4.2-4（a）所示，并有 $i_D=0$。

随 u_{DS} 的增加，u_{DS} 在沟道中产生由漏极到源极的电压降，使栅极与沟道内不同位置具有不同电位差。离源极越远，电位差越大，耗尽层越向导电沟道中心扩展，使靠近漏极处的导电沟道比源极处要窄，导电沟道呈楔形，如图 2.4.2-4（b）所示。

u_{DS} 增加，一方面漏极电流 i_D 增加，同时沟道变窄使电阻增大，阻碍漏极电流 i_D 的增大。在 u_{DS} 较小时，阻碍电流增大的因素是次要的，i_D 基本上随 u_{DS} 增加而线性上升，如图 2.4.2-3（a）所示曲线的直线上升段。

场效应管的上述特性又随栅源电压的改变而变化，如图 2.4.2-4（a）所示。

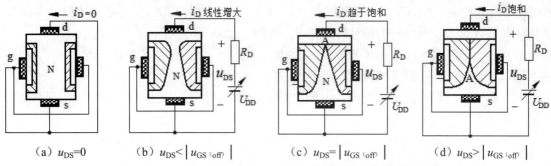

（a）$u_{DS}=0$　　　（b）$u_{DS}<|u_{GS(off)}|$　　　（c）$u_{DS}=|u_{GS(off)}|$　　　（d）$u_{DS}>|u_{GS(off)}|$

图 2.4.2-4　$u_{GS}=0$ 时，改变 u_{DS} 时结型场效应管导电沟道的变化

在 u_{DS} 不变的情况下，栅源电压越负，耗尽层变宽，沟道电阻增大。因此，在 u_{DS} 电压较小的区域，场效应管可看作一个受栅源电压 u_{GS} 控制的可变电阻，故该区域（u_{DS} 较小）称为可变电阻区。

2）饱和区。

在 $u_{GS}=0$ 时，随 u_{DS} 继续增加导电沟道进一步变窄。当 u_{DS} 达到某一数值（使栅漏极间的电压 u_{GD} 为夹断电压 $U_{GS(off)}$）时，两边耗尽层在 A 点处相遇，沟道被夹断，如图 2.4.2-4（c）所示。由于漏源电压 u_{DS} 上升，在靠近漏极附近沟道出现夹断的情况，称为预夹断。

沟道出现预夹断后，随着 u_{DS} 上升，夹断区自 A 点向源极方向延伸，如图 2.4.2-4（d）所示。随后 u_{DS} 再增加，电压增量全部降落在夹断区域，而导电沟道两端电压基本不变。

此时，沟道虽然出现夹断，但在夹断区内电场作用下，仍能把电子从源极 s 通过夹断区拉到漏极 d，形成漏极电流。由于导电沟道两端电压基本不变，i_D 基本不随 u_{DS} 增加而上升，漏极电流基本不变而趋于饱和，此区域称为饱和区，如图 2.4.2-3（a）所示曲线的水平段。

在 u_{DS} 保持不变的情况下，栅源电压 u_{GS} 的绝对值增大，导电沟道变窄，i_D 变小。说明在饱和区域内，u_{DS} 不变的条件下，i_D 受 u_{GS} 的控制。场效应管用作放大器时一般就工作在饱和区域，该区也称为线性放大区。

3）截止区。

图 2.4.2-3（a）中输出特性曲线靠近横轴的区域称为截止区。它发生在 $u_{GS} \leqslant U_{GS(off)}$ 时，此时管子的导电沟道完全被夹断，$i_D \approx 0$。

（2）转移特性曲线。

转移特性曲线是描述场效应管在漏源电压 u_{DS} 为常量时，漏极电流 i_D 与栅源电压 u_{GS} 之间关系的曲线。

$$i_D = f(u_{GS})|_{U_{DS}=\text{常数}}$$

转移特性可直接从输出特性用作图的方法求出。

在图 2.4.2-3（a）所示的输出特性中，作 $u_{DS}=10V$ 的一条垂直线，此垂直线与各条输出特性的交点分别为 A、B、C、D，将 A、B、C、D 各点相应的 i_D 及 u_{GS} 值画在 i_D-u_{GS} 直角坐标系中，即可得到 $u_{DS}=10V$ 时的转移特性曲线，如图 2.4.2-3（b）所示。

改变 u_{DS}，可得不同 u_{DS} 的转移特性曲线。但 u_{DS} 大于一定值场效应管进入饱和区后，i_D 几乎不随 u_{DS} 而变，可认为转移特性重合为一条曲线。

转移特性 $u_{GS}=0$ 时的漏极电流称为饱和漏极电流，记作 I_{DSS}。使 i_D 接近于零的栅源电压就是夹断电压 $U_{GS(off)}$。

实验表明，在 $U_{GS(off)} \leqslant u_{GS} \leqslant 0$ 的范围内，即在饱和区，i_D 可以近似地表示为：

$$i_D = I_{DSS}\left(1 - \frac{u_{GS}}{U_{GS(off)}}\right)^2 \quad (U_{GS(off)} \leqslant u_{GS} \leqslant 0) \tag{2.4-1}$$

三、绝缘栅场效应管

绝缘栅场效应管是利用半导体表面的电场效应进行工作的，它的栅极处于绝缘状态，被绝缘层（SiO$_2$）隔离，其输入电阻最高可达 $10^{15}\Omega$。目前应用较广泛的是一种金属－氧化物－半导体场效应管，简称 MOSFET 或 MOS 管。

绝缘栅场效应管也有 N 沟道和 P 沟道两类，其中每一类又分为增强型和耗尽型两种。P 沟道、N 沟道 MOS 管工作原理相似，下面以 N 沟道增强型绝缘栅场效应管为例来说明其结构和工作原理。

1. N 沟道增强型绝缘栅场效应管

（1）结构。

N 沟道增强型绝缘栅场效应管的结构如图 2.4.3-1（a）所示。以一块低掺杂 P 型半导体为衬底，利用扩散工艺在 P 型硅两边形成两个高掺杂 N$^+$区，用金属铝引出两个电极，分别为源极 s 和漏极 d；然后在 P 型硅表面覆盖一层薄的二氧化硅（SiO$_2$）绝缘层，并在绝缘层表面再造一层金属铝作为栅极 g；另外在衬底引出引线 B（通常在管内与源极相连接）。由于栅极与源极、漏极均无电接触，故称绝缘栅极。

图 2.4.3-1（b）所示是 N 沟道增强型绝缘栅场效应管的电路符号，箭头方向表示由 P（衬底）指向 N（沟道）；图 2.4.3-1（c）所示是 P 沟道增强型绝缘栅场效应管的电路符号。漏极和源极间的三段短线表示管子的原始沟道（即 $u_{GS}=0$ 时）是不存在的，为增强型 MOS 管。

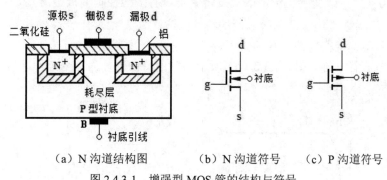

（a）N 沟道结构图　　　（b）N 沟道符号　　　（c）P 沟道符号

图 2.4.3-1　增强型 MOS 管的结构与符号

（2）基本工作原理。

N 沟道增强型场效应管工作时，在栅、源间加正向电压 U_{GS}，漏、源间也加正向电压 U_{DS}。如图 2.4.3-2（a）所示。

当栅源电压 $u_{GS}=0$ 时，源区（N$^+$型）、衬底（P 型）和漏区（N$^+$型）间形成两个背靠背的 PN 结，不管 u_{DS} 的极性如何，总有一个 PN 结反偏，所以漏源之间没有导电沟道，$i_D=0$，如图 2.4.3-2（b）所示。

当栅源电压 $u_{GS}>0$ 时，在正向电压 u_{GS} 作用下，SiO$_2$ 绝缘介质中便产生一个由栅极指向 P 型衬底的电场（由于绝缘层很薄，即使加上较小的电压，也会产生很强的电场）。这个电场将 P 区中的自由电子吸引到衬底表面，同时排斥衬底表面的空穴。u_{GS} 越大，吸引到 P 型衬底表面的自由电子越多；当 u_{GS} 增大到某一数值时，便在栅极附近的 P 型硅衬底表面形成了一个 N

型薄层，称为"反型层"，这个反型层构成了源极和漏极间的 N 型导电沟道。由于它是在栅源电压作用下感应产生的，也称为"感生沟道"，如图 2.4.3-2（c）所示。

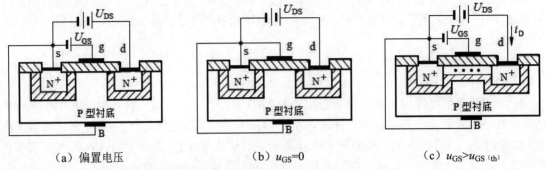

（a）偏置电压　　　　　　　　　（b）$u_{GS}=0$　　　　　　　　（c）$u_{GS}>u_{GS(th)}$

图 2.4.3-2　N 沟道增强型 MOS 场效应管工作原理

一旦出现导电沟道，原来被 P 型衬底隔开的两个 N^+ 型区就被感生沟道连在一起了，在漏、源电源 U_{DS} 作用下，将有漏极电流 i_D 产生。

在漏、源电压作用下，开始形成导电沟道时的栅、源电压称为开启电压，用 $U_{GS(th)}$ 表示。改变栅源电压 u_{GS}，可改变感生沟道的宽度，就可以有效地控制漏极电流 i_D。

（3）N 沟道增强型绝缘栅场效应管的特性曲线。

N 沟道增强型绝缘栅场效应管的输出特性曲线如图 2.4.3-3（a）所示。

与结型场效应管一样，图 2.4.3-3（a）所示的输出特性也分为三个工作区域：可变电阻区、饱和区、击穿区。

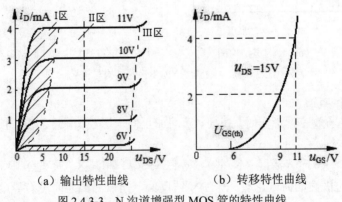

（a）输出特性曲线　　　　　（b）转移特性曲线

图 2.4.3-3　N 沟道增强型 MOS 管的特性曲线

1）可变电阻区（I 区）。

在 u_{GS} 小于开启电压 $U_{GS(th)}$ 时，漏、源之间没有导电沟道，漏、源电阻很大。当 $u_{GS} \geqslant U_{GS(th)}$ 时，将产生感生沟道，在 u_{DS} 作用下，形成漏极电流 i_D。

u_{DS} 电压很小时，其对沟道电阻影响较小，沟道主要受 u_{GS} 控制。u_{GS} 不变时，沟道电阻一定，i_D 与 u_{DS} 成线性关系；u_{GS} 增大，沟道电阻变小，在相同的 u_{DS} 下，i_D 就越大，特性曲线就越陡。因此，输出特性的 I 区（u_{DS} 电压很小）可看作一个受栅、源电压 u_{GS} 控制的可变电阻区，如图 2.4.3-3（a）中的阴影区所示。

2）饱和区（II 区）。

导电沟道形成后，i_D 沿沟道从漏极流向源极时，在沟道产生电压降，使栅极与沟道内各点的电压差不相等。靠近源极，栅极与沟道间的电压差大，感生沟道宽；靠近漏极，栅极与沟道间的电压差小，沟道最薄，沟道变为楔形，如图 2.4.3-4（a）所示。

随 u_{DS} 的增加，沟道厚度不均匀性越加明显。当 u_{DS} 增加到 $u_{DS}=u_{GS}-U_{GS(th)}$ 时，靠近漏极的栅极和沟道间的电压为 $U_{GS(th)}$（$=u_{GS}-u_{DS}$），如果再增大 u_{DS}，则 $u_{GS}-u_{DS}$ 将小于 $U_{GS(th)}$，靠近漏极附近的沟道出现预夹断，如图 2.4.3-4（b）所示。

u_{DS} 进一步增加，$u_{DS}>u_{GS}-U_{GS(th)}$，夹断区向源极方向延伸，如图 2.4.3-4（c）所示。和结型场效应管一样，沟道被夹断后，u_{DS} 再增加，其增加部分几乎全部落在夹断层上，在夹断区以外的沟道两端电压基本不变，i_D 基本不随 u_{DS} 增加而变化，i_D 趋于饱和。所以特性曲线的 II 区称为饱和区。

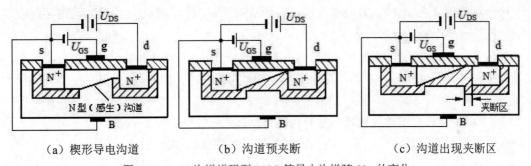

（a）楔形导电沟道　　　　　　（b）沟道预夹断　　　　　　（c）沟道出现夹断区

图 2.4.3-4　N 沟道增强型 MOS 管导电沟道随 U_{DS} 的变化

增强型场效应管的转移特性曲线同样可由输出特性曲线求出。作图方法与结型场效应管相同，图 2.4.3-3（b）所示是 $u_{DS}=15\text{V}$ 时的转移特性曲线。

在恒流区增强型场效应管的 i_D 可近似表示为：

$$i_D=I_{DO}\left(\frac{u_{GS}}{U_{GS(th)}}-1\right)^2\quad(\,u_{GS}>U_{GS(off)}\,)\tag{2.4-2}$$

式中，I_{DO} 是 $u_{GS}=2U_{GS(off)}$ 时的 i_D 值，$U_{GS(off)}$ 为开启电压。

2. N 沟道耗尽型绝缘栅场效应管

（1）N 沟道耗尽型场效应管的结构和工作原理。

N 沟道耗尽型场效应管的结构示意图和电路符号及文字符号如图 2.4.3-5 所示。其结构与增强型基本相同，主要区别是：耗尽型场效应管在 SiO_2 绝缘层中掺入大量的正离子，即使

$u_{GS}=0$，也能在 P 型衬底上靠近栅极的表面感应出 N 型沟道。因此，在 $u_{GS}=0$ 时，在 u_{DS} 作用下，有 i_D 由漏极流向源极。

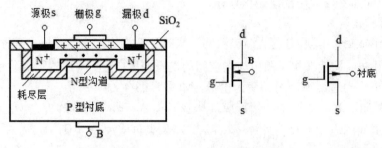

（a）N 沟道结构图　　　　（b）N 沟道符号　　（c）P 沟道符号

图 2.4.3-5　耗尽型 MOS 管的结构与符号

若栅源电压 u_{GS} 为正，则导电沟通变宽，i_D 增大；若栅源电压 u_{GS} 为负，则导电沟通变窄，i_D 减小。当 u_{GS} 负向增加到某一数值时，导电沟道消失，$i_D \approx 0$，此时的 u_{GS} 称为夹断电压 $U_{GS(off)}$。

由于这类管子在 $u_{GS}=0$ 时导电沟道已经形成，当 u_{GS} 减小到 $U_{GS(off)}$ 时，沟道逐渐变窄而夹断，所以称为"耗尽型"。

与 N 沟道结型场效应晶体管相同，N 沟道耗尽型场效应管的夹断电压也为负值；但是结型场效应晶体管只能在 $u_{GS}<0$ 的情况下工作，而耗尽型 MOS 管的 u_{GS} 可以在正或负的栅源电压下工作。

（2）N 沟道耗尽型绝缘栅场效应管的特性曲线。

N 沟道耗尽型场效应管的输出特性曲线和转移特性曲线如图 2.4.3-6 所示。

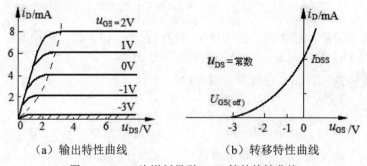

（a）输出特性曲线　　　　　　（b）转移特性曲线

图 2.4.3-6　N 沟道耗尽型 MOS 管的特性曲线

恒流区的电流 i_D 的近似表达式同式（2.4-1），式中的 I_{DSS} 是 $u_{GS}=0$ 的漏极电流。

四、场效应管的主要参数、特点及使用注意事项

1. 场效应管的主要参数

（1）性能参数。

1）开启电压 $U_{GS(th)}$。

开启电压 $U_{GS(th)}$ 是 u_{DS} 为某一固定值（按手册规定，如 10V）时使 i_D 大于零（如 5μA）所需的最小 u_{GS} 值。$U_{GS(th)}$ 是增强型场效应管的参数。

2）夹断电压 $U_{GS(off)}$。

夹断电压 $U_{GS(off)}$ 是 u_{DS} 为某一固定值（按手册规定，如 10V）时使 i_D 减小到某一微小电流（如 5μA）所需的最小 u_{GS} 值，该参数是结型场效应管和耗尽型 MOS 管的参数。

3）饱和漏电流 I_{DSS}。

对于耗尽型场效应管，饱和漏电流 I_{DSS} 是指 $u_{GS}=0$ 时使管子出现预夹断时的漏极电流。对于结型场效应管来说，饱和漏电流也就是管子所能输出的最大电流。

4）直流输入电阻 $R_{GS(DC)}$。

是指在漏、源间短路的条件下，栅、源之间的直流电压与栅极直流电流之比。一般结型场效应管的 $R_{GS(DC)}>10^7\,\Omega$，而绝缘栅场效应管的 $R_{GS(DC)}>10^9\,\Omega$。

5）低频跨导 g_m。

低频跨导 g_m 是在 u_{DS} 为某一固定值时，漏极电流 i_D 的变化量和引起这个变化的栅源电压 u_{GS} 的变化量之比，即：

$$g_m = \frac{\mathrm{d}i_D}{\mathrm{d}u_{GS}}\bigg|_{u_{DS}=常数} \qquad (2.4\text{-}3)$$

g_m 反映了场效应管在恒流区工作时，栅源电压 u_{GS} 对漏源电流 i_D 的控制能力，是表征场效应管放大能力的一个重要参数。其单位为西门子（s）或 mS。

g_m 的几何意义是转移特性曲线上某一点的斜率。g_m 与切点的位置密切相关，由于转移特性曲线的非线性，因而 i_D 越大，g_m 也越大。当结型场效应管及耗尽型 MOS 管工作在恒流区时，g_m 可由下式估算：

$$g_m = \frac{\mathrm{d}i_D}{\mathrm{d}u_{GS}} = \frac{-2I_{DDS}\left(1-\dfrac{u_{GS}}{U_{GS(off)}}\right)}{U_{GS(off)}} \qquad (2.4\text{-}4)$$

当增强型场效应管工作在恒流区时，g_m 可由下式估算：

$$g_m = \frac{\mathrm{d}i_D}{\mathrm{d}u_{GS}} = \frac{-2I_{DO}\left(\dfrac{u_{GS}}{U_{GS(th)}}-1\right)}{U_{GS(th)}} \qquad (2.4\text{-}5)$$

（2）极限参数。

1）漏、源击穿电压 $U_{(BR)DS}$。

它是漏、源极间所能承受的最大电压，是发生雪崩击穿时 i_D 开始急剧上升的 u_{DS} 电压值。管子使用时，u_{DS} 不允许超过此值，否则管子将烧坏。

2）栅、源击穿电压 $U_{(BR)GS}$。

它是栅、源极间所能承受的最大电压。对于结型场效应管，是指栅极与沟道间 PN 结反向击穿电压 $U_{(BR)GS}$；对于绝缘栅型场效应管，使指绝缘层击穿电压 $U_{(BR)GS}$。

3）最大漏极电流 I_{DM} 和最大耗散功率 P_{DM}。

I_{DM} 是场效应管工作时允许流过的最大漏极电流。最大耗散功率 $P_{DM} = u_{DS} \times i_D$，这些耗散在管子中的功率将变为热能，使管子的温度升高。为了限制管子的温升，必须限制它的耗散功率不能超过最大数值 P_{DM}，否则管子会因过热而损坏。

2. 场效应管的特点及使用注意事项

（1）场效应管与双极型三极管的比较。

场效应管的栅极 g、源极 s、漏极 d 对应于晶体管的基极 b、发射极 e、集电极 c，其作用相类似，两者的主要区别如下：

- 场效应管是电压控制器件。它通过栅源电压 u_{GS} 控制漏极电流 i_D，栅极基本不取电流，输入电阻很大；而晶体管工作时基极总要索取一定的电流，输入电阻相对较小。因此在要求输入电阻高的电路中应选用场效应管。
- 场效应管只有多数载流子参与导电，而晶体管内既有多子又有少子参与导电，少子的数量受温度等因素影响较大，因而场效应管比晶体管的温度稳定性好。在环境条件变化很大的情况下应选用场效应管。
- 场效应管的噪声很小，所以低噪声放大器的输入级和要求信噪比较高的电路应选用场效应管。
- 场效应管的漏极和源极可以互换使用，耗尽型场效应管的栅源电压可正可负，使用方便。但应注意，对于在制造时已将源极和衬底连在一起的 MOS 管，则源极和漏极不能互换。

（2）使用注意事项。

- 场效应管栅、源极之间的电阻很高，栅极的感应电荷不易泄放，栅极中易产生很高的感应电压使绝缘层击穿，因此应避免栅极悬空及减少外界的感应。储存时，应将管子的三个电极短接；当需要把管子焊到电路上或取下来时，应先用导线将各电极短接；焊接管子所用的电烙铁必须接地良好，最好断电利用余热焊接。
- 使用时，各极电源极性应按规定接入，切勿将结型场效应管的栅源电压极性接反，以免 PN 结因正偏而烧毁；使用时不能超过管子的极限参数。
- 结型场效应管可以用万用表检测管子的质量；绝缘栅场效应管不能用万用表检测，必须用有关测试仪，测试仪应有良好的接地。

五、场效应管基本放大电路

场效应管由于具有输入阻抗高、温度稳定性能好、低噪声、低功耗等特点，其构成的放大电路有独特的优点，应用广泛。

场效应管构成的放大电路有共源、共漏和共栅三种组态，下面以共源放大电路为例分析场效应管放大电路。

1. 场效应管的直流偏置电路及静态分析

场效应管放大电路，为实现信号不失真放大，也要有一个合适的静态工作点 Q。与三极管放大电路不同的是，它不需要偏置电流，而是需要一个合适的栅源极偏置电压 U_{GS}。

场效应管放大电路常用的偏置电路有两种：自偏压电路和分压式自偏压电路。

（1）自偏压电路。

1）电路特点及工作原理。

图 2.4.5-1 所示是耗尽型 NMOS 场效应管构成的共源极放大电路的自偏压电路。对于耗尽型场效应管，在 $u_{GS}=0$ 时有漏极电流流过 R_S，则源极电位 $U_G=I_DR_S$。由于栅极不取电流，Rg 上没有压降，栅极电位 $U_G=0$，所以静态时栅源之间将有负栅压：

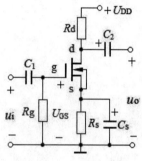

图 2.4.5-1 自偏压电路

$$U_{GS}=-I_DR_S \tag{2.4-6}$$

这种电路的栅偏压是由本身漏极电流流过 R_S 产生的，故称为自偏压电路。显然，自偏压方式只适用于耗尽型场效应管（包括结型场效应管）构成的放大电路，而不适用于增强型 MOS 管构成的放大电路。

为防止交流信号在 R_S 上产生交流压降，导致加到栅源极间的净输入信号降低，通常在 R_S 上并联电容器 C_S，称为源极旁路电容。

2）静态工作点的估算。

耗尽型场效应管工作在恒流区时，其 i_D 和 u_{GS} 的关系由式（2.4-1）近似表示。

对于图 2.4.5-1 所示的电路，可将式（2.4-1）和式（2.4-6）联立求解，求得静态工作点 I_D、U_{GS}，即：

$$\begin{cases} U_{GS}=-I_DR_S \\ I_D=I_{DSS}\left(1-\dfrac{U_{GS}}{U_{GS(off)}}\right)^2 \end{cases}$$

式中饱和电流 I_{DSS} 和夹断电压 $U_{GS(off)}$ 为已知参数。

求得 I_D 和 U_{GS} 后，可得：

$$U_{DS} = U_{DD} - I_D(R_d + R_S) \qquad (2.4\text{-}7)$$

（2）分压式自偏压电路。

1）电路特点和工作原理。

自偏压电路不能应用于增强型 MOS 管构成的放大电路，而且 R_S 取值不能太大，否则静态工作点将下降，影响动态工作范围，使放大倍数减小。

图 2.4.5-2 所示是分压式自偏压电路，它是在自偏压电路的基础上加接分压电阻后构成的。

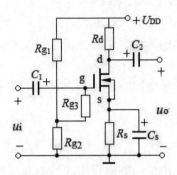

图 2.4.5-2　分压式自偏压电路

漏极电源 U_{DD} 经分压电阻 R_{g1} 和 R_{g2} 分压后，通过 R_{g3} 供给栅极电压，由于 R_{g3} 上无电流，所以 $U_G = U_{DD}\dfrac{R_{g2}}{R_{g1}+R_{g2}}$，同时漏极电流在源极电阻 Rs 上也产生压降 $Us = I_D Rs$。

该电路的特点是能够稳定静态工作点，而且能够适用于各种类型场效应管构成的放大电路。

2）静态工作点的计算。

静态时，由于：　　$Us = I_D Rs$　　$U_G = U_{DD}\dfrac{R_{g2}}{R_{g1}+R_{g2}}$

则栅源电压：　　$U_{GS} = U_G - U_S = U_{DD}\dfrac{R_{g2}}{R_{g1}+R_{g2}} - I_D Rs \qquad (2.4\text{-}8)$

可见，适当选取 R_{g1}、R_{g2} 和 R_{g3} 的值就可以得到各种场效应管放大所需的正、零或负的偏压。

对结型场效应管和耗尽型 MOS 管构成的放大电路，可联立式（2.4-1）和式（2.4-8）求出 U_{GS}、I_D，即：

$$\begin{cases} U_{GS} = U_{DD}\dfrac{R_{g2}}{R_{g1}+R_{g2}} - I_D R_S \\ I_D = I_{DSS}\left(1 - \dfrac{U_{GS}}{U_{GS(off)}}\right)^2 \end{cases}$$

而：
$$U_{DS} = U_{DD} - I_D(R_d + Rs)$$

对于增强型 MOS 管构成的放大电路，可联立求解式（2.4-2）和式（2.4-8）求出 U_{GS}、I_D，即：

$$\begin{cases} U_{GS} = U_{DD}\dfrac{R_{g2}}{R_{g1}+R_{g2}} - I_D R_S \\ I_D = I_{DO}\left(\dfrac{U_{GS}}{U_{GS(th)}} - 1\right)^2 \end{cases}$$

而：
$$U_{DS} = U_{DD} - I_D(R_d + Rs)$$

2. 动态分析

如果输入信号很小且场效应管工作在特性曲线线性放大区时，场效应管可用微变等效电路来分析。

（1）场效应管的微变等效电路。

从输入回路看，场效应管的栅源之间电阻 r_{gs} 很大，当外加电压 u_{gs} 时，栅极电流 $i_G \approx 0$，所以栅源之间可视为开路。

从输出回路看，场效应管工作在恒流区时，漏极电流的大小受栅源电压 u_{gs} 的控制，基本与 u_{ds} 无关，这种控制作用由式（2.4-3）可表示为：

$$g_m = \frac{\mathrm{d}i_D}{\mathrm{d}u_{GS}}\bigg|_{u_{DS}=常数} = \frac{i_d}{u_{gs}}$$

所以，输出回路漏极、源极间可等效为一个受栅源电压 u_{gs} 控制的受控电流源 $g_m u_{gs}$。

综上所述，场效应管可用图 2.4.5-3 所示的微变等效电路代替。

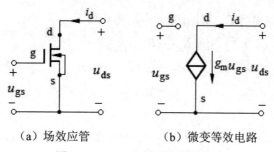

（a）场效应管　　　　　（b）微变等效电路

图 2.4.5-3　MOS 管微变等效电路

（2）用微变等效电路法分析场效应管放大电路。

图 2.4.5-4（a）所示为共源极放大电路。当源极有旁路电容 C_S 时，其微变等效电路如图 2.4.5-4（b）所示；当源极无旁路电容 C_S 时，其微变等效电路如图 2.4.5-4（c）所示。

1）电压放大倍数。

当源极接旁路电容 C_S 时，由图 2.4.5-4（b）可知，$u_{gs} = u_i$，所以：

$$u_o = -g_m u_{gs}(R_d /\!/ R_L) = -g_m u_i R_L'$$

式中:
$$R_L' = R_d /\!/ R_L$$

所以:
$$A_u = \frac{u_o}{u_i} = -g_m R_L' \qquad\qquad (2.4\text{-}9\text{a})$$

式中负号表示输出电压与输入电压反相。

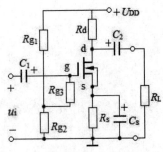（a）场效应管放大电路　　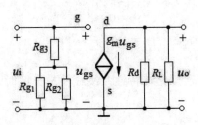（b）微变等效电路（有 C_S）　　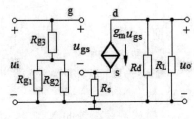（c）微变等效电路（无 C_S）

图 2.4.5-4　　MOS 管放大电路微变等效电路

当源极不接旁路电容 C_S 时，由图 2.4.5-4（c）可知:

$$u_o = -g_m u_{gs} R_L'$$
$$u_i = u_{gs} + g_m u_{gs} R_s$$

所以:
$$A_u = \frac{u_o}{u_i} = \frac{-g_m R_L'}{1 + g_m R_s} \qquad\qquad (2.4\text{-}9\text{b})$$

可见，源极不接旁路电容 C_S 时，电压放大倍数下降了。

2）输入电阻。

无论源极是否接旁路电容 C_S，由图 2.4.5-4（b）和（c）可知:

$$r_i = R_{g3} + (R_{g1} /\!/ R_{g2}) \qquad\qquad (2.4\text{-}10\text{a})$$

通常，为减小 R_{g1}、R_{g2} 的分流作用，选择 $R_{g3} \gg (R_{g1} /\!/ R_{g2})$，故有:

$$r_i \approx R_{g3} \qquad\qquad (2.4\text{-}10\text{b})$$

3）输出电阻。

由"加压求流法"，由图 2.4.5-4（b）和（c）可见，无论源极是否接旁路电容 C_S，均有:

$$r_o \approx R_d \qquad\qquad (2.4\text{-}11)$$

由上述分析可知，共源极放大电路的输入电压与输出电压反相；输入电阻高，输出电阻主要由漏极负载电阻 R_d 决定。

【例 2.5】耗尽型场效应管构成的自偏压放大电路如图 2.4.5-5 所示。

设 $U_{DD} = 18\,\text{V}$，$R_d = 10\,\text{k}\Omega$，$R_{g1} = 2\text{M}\Omega$，$R_{g2} = 47\text{k}\Omega$，$R_{g3} = 10\text{M}\Omega$，$R_S = 2\text{k}\Omega$，$R_L = 10\text{k}\Omega$，场效应管的 $I_{DDS} = 0.5\text{mA}$，$U_{GS(off)} = -1\text{V}$。

求：① 电压放大倍数 A_u。

② 输入电阻 r_i。

③ 输出电阻 r_o。

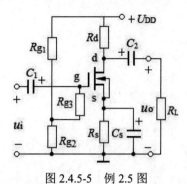

图 2.4.5-5　例 2.5 图

解：① 求静态工作点。

根据式（2.4-2）和式（2.4-8）有：

$$\begin{cases} U_{GS} = U_{DD}\dfrac{R_{g2}}{R_{g1}+R_{g2}} - I_D R_S = 18 \times \dfrac{47}{2000+47} - 2I_D = 0.4 - 2I_D \\[2mm] I_D = I_{DSS}\left(1 - \dfrac{U_{GS}}{U_{GS(off)}}\right)^2 = 0.5\left(1 + \dfrac{U_{GS}}{1}\right)^2 = 0.5(1+U_{GS})^2 \end{cases}$$

将上式中的 U_{GS} 代入 I_D 的表达式得：

$$I_D = 0.5(1+0.4-2I_D)^2$$

解出 $I_D =$（0.95 ± 0.64）mA，而 $I_{DDS} = 0.5$ mA，I_D 不应大于 I_{DDS}，所以 $I_D = 0.31$ mA，$U_{GS} = 0.4 - 2I_D = -0.22$ V，$U_{DS} = U_{DD} - I_D(R_d + R_s) = 18$ V $- 0.31$ mA $\times (30+2)$ kΩ $= 8.1$ V。

② 求低频跨导 g_m。

由式（2.4-4）求得：

$$g_m = \frac{-2I_{DDS}\left(1 - \dfrac{u_{GS}}{U_{GS(off)}}\right)}{U_{GS(off)}} = \frac{-2 \times 0.5\left(1 - \dfrac{-0.22}{-1}\right)}{-1} = 0.78 \text{mS}$$

③ 求电压放大倍数、输入电阻、输出电阻。

由式（2.4-9a）可得：

$$A_u = -g_m R'_L = -g_m(R_d /\!/ R_L) = -0.78 \times \frac{10 \times 10}{10+10} = -3.9$$

由式（2.4-10b）可得：

$$r_i \approx R_{g3} = 10 \text{M}\Omega$$

由式（2.4-11）可得：

$$r_o \approx R_d = 10\text{k}\Omega$$

共漏极、共栅极放大电路分析，可参考有关文献。

六、串联型稳压电路

1. 简单串联型稳压电路

（1）电路组成及原理。

图 2.4.6-1 所示是一种简单的串联型稳压电路。

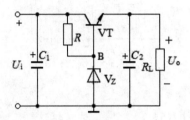

图 2.4.6-1　简单串联型稳压电路

图中 VT 为电压调整管；稳压二极管 V_Z 与电阻 R 一起稳定三极管 VT 的基极电压；C_1、C_2 为输入、输出滤波电容；R_L 为负载电阻。

整流后的直流电压 U_I 经电容 C_1 滤波后加到限流电阻 R 和稳压二极管 V_Z 之间。由于 V_Z 的稳压作用，在电路 B 点得一个稳定电压，三极管导通，电流从集电极流入、发射极流出，对滤波电容 C_2 充电，在 C_2 得到上正下负的电压供给负载 R_L。因调整元件与负载是串联关系，故称之为串联型稳压电路。

（2）电路稳压过程。

若因输入电压 U_I 上升，引起输出电压 U_O 增加，因三极管 VT 基极电位固定，所以三极管 VT 的 U_{BE} 减小，$I_B(I_C)$ 减小，U_{CE} 增加，使输出电压 U_O 下降，稳压电路的调整过程表示如下：

$$U_I\uparrow \longrightarrow U_O\uparrow \xrightarrow{\text{因}U_B=U_Z} U_{BE}\downarrow \longrightarrow U_{CE}\uparrow$$

$$U_O\text{稳定} \longleftarrow U_O\downarrow \xleftarrow{\text{因}U_O=U_I-U_{CE}}$$

对于输入电压下降时电路的稳压过程，读者可自行分析。

2. 带放大环节的串联型稳压电路

（1）电路组成及工作原理。

带放大环节的串联型稳压电路如图 2.4.6-2 所示。

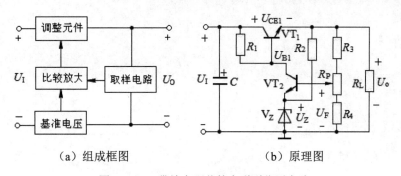

（a）组成框图　　　　　　　（b）原理图

图 2.4.6-2　带放大环节的串联型稳压电路

由组成框图可知，带放大环节的串联型稳压电路由取样电路、基准电路、比较放大电路和调整管组成。

图中，三极管 VT_1 为电压调整管；稳压管 V_Z 和 R_2 为比较放大三极管 VT_2 射极提供基准电压 U_Z；电阻 R_3、R_P、R_4 为电压取样电路，将输出电压的一部分 U_F 送到三极管 VT_2 的基极；比较放大管 VT_2 将取样电压 U_F 和基准电压 U_Z 的差值放大后控制调整管 VT_1 的状态，调整输出电压使输出电压保持稳定。

（2）电路稳压过程。

输入电压 U_I 增大，引起输出电压 U_O 增加，取样电压 U_F 随之增大，U_Z 与 U_F 的差值减小，经三极管 VT_2 放大后，VT_1 的基极电位 U_{B1} 下降，集电极电流 I_{C1} 减小，管压降 U_{CE1} 增大，输出电压 U_O 减小，使得 U_O 的上升趋势受到抑制，稳定了输出电压。

上述稳压过程表示如下：

$$U_I\uparrow \longrightarrow U_O\uparrow \longrightarrow U_F\uparrow \xrightarrow{\text{因}U_Z\text{稳定}} U_{B1}\downarrow \longrightarrow U_{CE1}\uparrow$$

$$U_O\text{稳定} \longleftarrow U_O\downarrow \longleftarrow \xleftarrow{\text{因}U_O = U_I - U_{CE1}}$$

同理，当输入电压 U_I 减小引起 U_O 减小时，电路将产生与上述相反的稳压过程。

（3）串联型稳压电路输出电压的调节。

由图 2.4.6-2 可得：

$$U_F = \frac{R_4'}{R_3 + R_P + R_4}U_O \tag{2.4-12}$$

由于 $U_F \approx U_Z$，所以稳压输出电压 U_O 为：

$$U_O = \frac{R_3 + R_P + R_4}{R_4'}U_Z \tag{2.4-13}$$

由此可见，通过调节电位器 R_P 的滑动端即可调节输出电压 U_O 的大小。

【任务训练】

一、填空题

1．在结构上，三极管有＿＿＿＿区、＿＿＿＿电极、＿＿＿＿PN 结。

2．三极管的输入特性曲线，是在电压 u_{CE} 保持不变的前提下，＿＿＿＿和＿＿＿＿之间的关系。

3．三极管在放大电路中有三种不同的接法，分别是＿＿＿＿接法、＿＿＿＿接法和＿＿＿＿接法。

4．确定放大电路的静态工作点有两种基本方法：一是＿＿＿＿法，二是＿＿＿＿法。

5．共集电极放大电路又称射极输出器，其特点是：电压放大倍数约为＿＿＿＿、输入电阻＿＿＿＿、输出电阻＿＿＿＿。

6．画放大电路的交流电路时，电容器做＿＿＿＿（短路/开路）处理，直流电源由于内阻较小，做＿＿＿＿（短路/开路）处理。

二、判断题

1．只要在放大电路中引入反馈，就一定能使其性能得到改善。　　　　（　　）

2．既然电流负反馈稳定输出电流，那么必然稳定输出电压。　　　　（　　）

3．若放大电路的放大倍数为负，则引入的反馈一定是负反馈。　　　　（　　）

4．负反馈放大电路的放大倍数与组成它的基本放大电路的放大倍数大小相同。　　　　（　　）

5．若放大电路引入负反馈，则负载电阻变化时输出电压基本不变。　　　　（　　）

三、选择题

1．晶体管能够放大的外部条件是（　　）。
　　A．发射结正偏，集电结正偏　　　　　　B．发射结反偏，集电结反偏
　　C．发射结正偏，集电结反偏

2．当晶体管工作于饱和状态时，其（　　）。
　　A．发射结正偏，集电结正偏　　　　　　B．发射结反偏，集电结反偏
　　C．发射结正偏，集电结反偏

3．测得晶体管三个电极的静态电流分别为 0.06mA、3.67mA 和 3.6mA，则该管的 β 为（　　）。
　　A．40　　　　　　　　B．50　　　　　　　　C．60

4．反向饱和电流越小，晶体管的稳定性能（　　）。

A．越好　　　　　　　B．越差　　　　　　C．无变化

5．温度升高，晶体管的电流放大系数（　　）。

A．增大　　　　　　　B．减小　　　　　　C．不变

6．对 PNP 型晶体管来说，当其工作于放大状态时，（　　）极的电位最低。

A．发射极　　　　　　B．基极　　　　　　C．集电极

7．温度升高，晶体管输入特性曲线（　　）。

A．右移　　　　　　　B．左移　　　　　　C．不变

8．温度升高，晶体管输出特性曲线（　　）。

A．上移　　　　　　　B．下移　　　　　　C．不变

9．温度升高，晶体管输出特性曲线间隔（　　）

A．不变　　　　　　　B．减小　　　　　　C．增大

10．对于电压放大器来说，（　　）越小，电路的带负载能力越强。

A．输入电阻　　　　　B．输出　　　　　　C．电压放大倍数

11．晶体管三个电极对地的电压分别为 -2V、-8V、-2.2V，则该管为（　　）。

A．NPN 型锗管　　　　B．PNP 型锗管　　　C．PNP 型硅管

12．共射放大电路中，若输入电压为正弦波形，则输出与输入电压的相位（　　）。

A．同相　　　　　　　B．反相　　　　　　C．相差 90°

13．共射放大电路中，若输入电压为正弦波形，而输出波形出现了底部被削平的现象，这种失真是（　　）失真。

A．饱和　　　　　　　B．截止　　　　　　C．同时饱和和截止

14．放大电路输出波形失真的主要原因是（　　）。

A．输入电阻太小　　　　　　　　　B．静态工作点偏低

C．静态工作点偏高

15．为了提高多级放大电路带负载的能力，放大电路的最后一级一般采用（　　）。

A．共发射极电路　　　　　　　　　B．共集电极电路

C．共基极电路

16．放大器引入反馈后使（　　），则说明是负反馈。

A．净输入信号减小　　　　　　　　B．净输入信号增大

C．输出信号增大　　　　　　　　　D．输入电阻变大

17．按反馈的极性分类，反馈可分为（　　）。

A．电压反馈与电流反馈　　　　　　B．串联反馈与并联反馈

C．正反馈与负反馈　　　　　　　　D．直流反馈与交流反馈

18．按反馈信号的输出方式，反馈可分为（　　）。

A．正反馈与负反馈　　　　　　　　B．串联反馈与并联反馈

C．电压反馈与电流反馈　　　　　　D．正向馈送与反向馈送

19. 放大器引入负反馈后，它的性能变化是（　　）。
    A．放大倍数下降，信号失真减小　　　B．放大倍数下降，信号失真加大
    C．放大倍数增大，信号失真减小　　　D．放大倍数不变，信号失真减小
20. 负反馈改善非线性失真，正确的说法是（　　）。
    A．能使输入波形的失真得到修正　　　B．使输出信号波形近似为正弦波
    C．使输出信号如实呈现输入信号波形　D．使输出信号的正、负半周幅度相同
21. 反馈系数的定义式为F=（　　）。
    A．$1+A_V$　　　B．$\dfrac{u_f}{u_i}$　　　C．$\dfrac{u_o}{u_f}$　　　D．$\dfrac{u_f}{u_o}$
22. 负反馈放大器的反馈深度等于（　　）。
    A．$(1+A_fF)$　　　B．$(1+AF)$　　　C．$\dfrac{1}{1+AF}$　　　D．$(1-AF)$
23. 三极管放大电路中，若反馈信号反送到三极管的基极，该反馈是（　　）。
    A．电压反馈　　　　　　　　　　B．电流反馈
    C．串联反馈　　　　　　　　　　D．并联反馈
24. 为了稳定放大电路的输出电压，应引入（　　）负反馈。
    A．电压　　　B．电流　　　C．串联　　　D．并联
25. 为了减小放大电路的输出电阻、提高放大电路的输入电阻，应在放大电路中引入
（　　）。
    A．电压串联负反馈　　　　　　　B．电压并联负反馈
    C．电流串联负反馈　　　　　　　D．电流并联负反馈

四、分析与计算题

1. 如练习题 1 图所示，$U_{CC}=+12V$，$R_b=5k\Omega$，$R_C=1k\Omega$，晶体管导通时 $U_{BE}=0.7V$，$\beta=50$。试分析 u_i 为 0V、1V、1.5V 三种情况下三极管的工作状态及输出电压 u_o 的值。

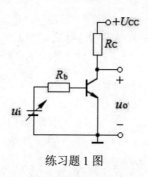

练习题 1 图

2. 测得放大电路中两个三极管的电极电流如练习题 2 图所示，试求：

（1）另一电极电流的大小。

（2）判断是 NPN 管还是 PNP 管。

（3）标出 e、b、c 电极。

（4）估算 β 值。

3．放大电路、晶体管的输出特性曲线和交直流负载线如练习题 3 图所示，已知 U_{BE} =0.7V，试求电路参数 R_b、R_C、R_L 的值。

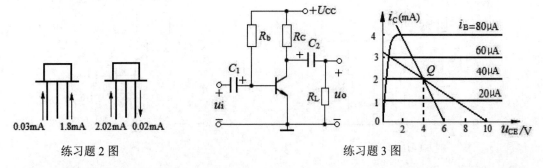

练习题 2 图　　　　　　　　　　　　　　　　练习题 3 图

4．固定偏流电路如练习题 4 图所示，已知：U_{CC} = +12V，R_b =280kΩ，R_C =3kΩ，R_L =3kΩ，三极管 β = 50，U_{BE} = 0.7V，试求：

（1）静态工作点 Q。

（2）电压放大倍数 A_u。

（3）假如该电路的输出波形出现图中所示的失真，问属于截止失真还是饱和失真？调整电路中的哪个元件可以消除这种失真？如何调整？

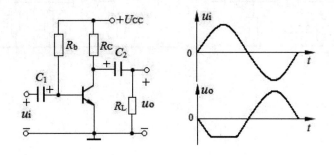

练习题 4 图

5．射极偏置电路如练习题 5 图所示，已知：U_{CC} =12V，R_{b1} =7.5kΩ，R_{b2} =2.5kΩ，R_C =2kΩ，R_e = 1kΩ，R_L =2kΩ，三极管 β = 30，U_{BE} =0.7V，求：

（1）静态工作点 Q。

（2）电压增益 A_u。

（3）电路的输入电阻 r_i 和输出电阻 r_o。

6. 射极输出器电路如练习题6图所示,已知：$U_{CC} = 12V$, $R_b = 510kΩ$, $R_e = 10kΩ$, $R_L = 3kΩ$, 三极管 $β = 50$, $U_{BE} = 0.7V$, 求：

（1）电路的静态工作点 Q。

（2）电压放大倍数 A_u。

（3）电路的输入电阻 r_i 和输出电阻 r_o。

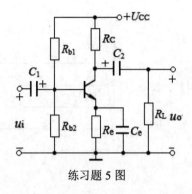
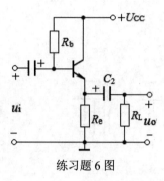

练习题 5 图　　　　　　　　　　　练习题 6 图

7. 分析练习题7图中反馈电路的反馈类型。

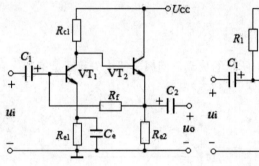
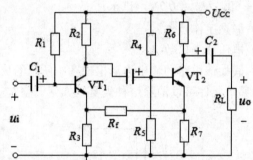

练习题 7 图

3

音频电平指示电路分析与制作

【任务描述】

集成电路是采用半导体制造工艺将电阻、晶体管等元件以及电路的连线等集中制作在半导体硅基片上，制作出具有完整功能的电路。由于集成电路具有体积小、可靠性高、外围电路简单、调试方便等特点，在现代电子技术中得到了广泛的应用。

音频电平LED指示电路是一种可以把声音的起伏变化转变为可视的LED的明灭变化的电路。本任务利用集成运放制作一款音频电平指示器，来熟悉集成电路的特性及主要应用。

一、任务目标

1. 知识目标

（1）了解电平指示电路的组成、原理及主要性能指标。

（2）熟悉基本差分放大电路的结构及特点，掌握基本差分电路的静态、动态分析方法。

（3）了解集成运放的结构、电路符号、性能指标，掌握集成运放的电压传输特性。

（4）掌握集成运放应用电路的分析方法。

2. 技能目标

（1）能够查阅集成运放资料，能根据要求选择和使用集成运放。

（2）能应用集成运放构成电平指示电路。

（3）能够安装、调试集成运放应用电路。

二、任务学习情境

音频电平指示电路的分析与制作

名称	音频电平指示电路的分析与制作
内容	根据给定电路的结构与参数制作一款音频电平指示电路 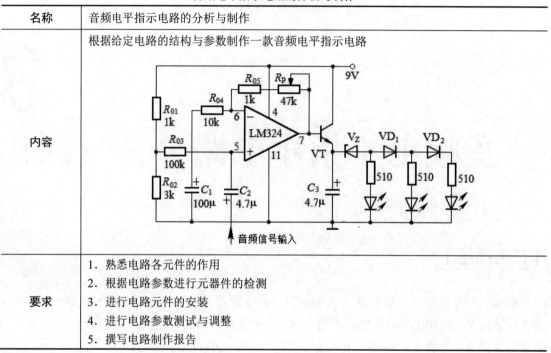
要求	1. 熟悉电路各元件的作用 2. 根据电路参数进行元器件的检测 3. 进行电路元件的安装 4. 进行电路参数测试与调整 5. 撰写电路制作报告

【相关知识】

集成运算放大器（简称集成运放）是一个高增益的多级直接耦合放大电路。本节先讨论组成集成运放的基本电路，然后介绍集成运放的组成、工作原理、主要指标以及运算电路和分析方法。

一、基本差动放大电路

集成运算放大器为获得高放大倍数，就必须采用多级放大器；为了能放大缓慢信号或直流信号，就必须采用直接耦合方式。采用直接耦合，最突出的缺点是产生零点漂移。

所谓零点漂移（简称零漂），就是当放大器的输入端短路时（输入信号为零），输出端还有缓慢变化的电压产生，即输出电压偏离原来的起始点而有上下漂动。对直接耦合放大器来说，温度的影响是产生零点漂移的主要原因，而减少零点漂移的有效措施是采用差动放大电路。

1. 电路的结构与特点

图 3.2.1-1 所示为典型差动放大电路。电路由特性完全相同的三极管 VT_1、VT_2 组成对称

的共射电路，电路采用正负双电源供电，两管的射极电路接了公共电阻 R_e。电路有两个输入端和两个输出端，称为双端输入、双端输出差动放大电路。

2. 静态分析

基本差动放大电路的直流通路如图 3.2.1-2 所示。

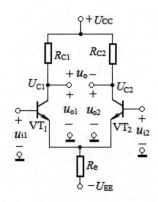
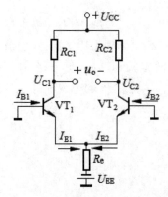

图 3.2.1-1　基本差动放大电路　　　图 3.2.1-2　基本差动放大电路的直流通路

由于电路对称，$I_{E1} = I_{E2} = I_E$，所以：

$$U_{EE} = U_{BE} + 2I_E R_e$$

$$I_E = \frac{U_{EE} - U_{BE}}{2R_e} \approx I_C \tag{3.2-1}$$

$$I_B = \frac{I_C}{\beta} \tag{3.2-2}$$

$$U_{CE} = U_{CE1} = U_{CE2} = U_{CC} + U_{EE} - I_C R_C - 2I_E R_e \tag{3.2-3}$$

由于 $U_{C1} = U_{C2}$，所以 $u_o = U_{C1} - U_{C2} = 0$。由此可知，输入信号为零时，基本差动放大器的输出电压也为零。

3. 抑制零点漂移的原理

温度变化是放大电路产生零点漂移的主要原因。在差动放大电路中，温度变化时，将使两个三极管的参数发生相同变化，即 $\Delta I_{C1} = \Delta I_{C2}$，$\Delta U_{C1} = \Delta U_{C2}$，则输出变化量：

$$\Delta U_O = \Delta U_{C1} - \Delta U_{C2} = 0$$

上式表明，差动电路利用两个特性相同的三极管互相补偿，从而抑制了零漂。在实际情况下，即使两管的特性不可能完全对称，但也会使漂移电压大大减小，所以差动放大电路特别适合作为多级直接耦合放大电路的输入级，在模拟集成电路中被广泛使用。

4. 动态分析

（1）输入信号的类型。

差动放大电路有两个信号输入端，输入信号可分为差模信号和共模信号。

在放大器两输入端分别输入大小相等、相位相反的信号，即 $u_{i1} = -u_{i2}$，这种输入方式称为差模输入方式，所加的信号称为差模输入信号，用 u_{id} 表示，即 $u_{id} = u_{i1} - u_{i2} = 2u_{i1}$。

反之，如果两输入端的输入信号大小和极性相同，即 $u_{i1} = u_{i2}$，这种输入方式称为共模输入方式，所加的信号称为共模信号，记为 u_{ic}，且 $u_{ic} = u_{i1} = u_{i2}$。

（2）差模放大倍数。

1）双端输入、双端输出差模电压放大倍数。

当图 3.2.1-1 所示的电路输入差模信号，即 $u_{i1} = -u_{i2}$ 时，则一管的集电极电流增加，另一管的集电极电流减少，在电路完全对称的条件下，I_{E1} 的增加量等于 I_{E2} 的减少量，即 $\Delta i_{E1} = -\Delta i_{E2}$，流过 R_e 的电流和静态电流 I_E 相同，$\Delta u_{Re} = 0$，故 R_e 上不存在差模信号。

所以差动电路在输入差模信号的情况下，R_e 可视为短路，其交流通路如图 3.2.1-3 所示。

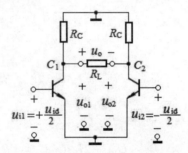

图 3.2.1-3　基本差动放大电路的交流通路

双端输出不接负载时，其差模放大倍数 A_{ud} 为：

$$A_{ud} = \frac{u_o}{u_{id}} = \frac{u_{o1} - u_{o2}}{u_{i1} - u_{i2}} = \frac{2u_{o1}}{2u_{i1}} = \frac{u_{o1}}{u_{i1}} = -\frac{\beta R_C}{r_{be}} \qquad (3.2\text{-}4)$$

其中，u_o 是双端输出差模输出电压，u_{id} 为差模输入电压。

当输出端接有负载电阻 R_L 时，差模电压放大倍数为：

$$A_{ud} = -\frac{\beta R_L'}{r_{be}} \qquad (3.2\text{-}5)$$

其中，$R_L' = R_C // (R_L/2)$。

由于输入差模信号时，C_1 和 C_2 点电位向相反方向变化，并且变化量大小相等，负载电阻 R_L 的中点是交流地电位。所以，在差模输入的半边等效电路中，负载电阻是 $R_L/2$。

可见，在电路完全对称，双端输入、双端输出的情况下，差动放大电路与单边放大电路的电压放大倍数相等。该电路使用成倍的元器件以换取抑制零点漂移的能力。

2）双端输入、单端输出差模电压放大倍数。

单端输出时，由于只取出一管集电极电压的变化量，电压放大倍数只有双端输出的一半，即：

$$A_{ud1} = \frac{1}{2}A_{ud} = -\frac{\beta R_C}{2r_{be}} \qquad (3.2\text{-}6)$$

这种接法常用于将双端输入信号转换为单端输出信号，集成运放的中间级有时就采用这种接法。

（3）共模放大倍数。

1）双端输出时共模电压放大倍数。

当图 3.2.1-1 所示电路的两个输入端接入共模输入电压时，即 $u_{ic} = u_{i1} = u_{i2}$，两管集电极电流同时增加或同时减少，即 $\Delta i_{C1} = \Delta i_{C2}$，$\Delta i_{E1} = \Delta i_{E2}$，$\Delta i_E = 2\Delta i_{E1}$，$\Delta u_{Re} = 2\Delta i_{E1}Re$。因此，对于每管而言，相当于在每个射极接了一个 $2R_e$ 的电阻，其交流通路如图 3.2.1-4 所示。

双端输出时，由于电路的对称性，两管的集电极电位同时升高或降低，始终保持相等，其输出电压 $u_{oc} = u_{oc1} - u_{oc2} \approx 0$，其双端输出的电压放大倍数为：

$$A_{uc} = \frac{u_{oc}}{u_{ic}} = \frac{u_{oc1} - u_{oc2}}{u_{ic}} \approx 0 \qquad (3.2\text{-}7)$$

上式表明，在两管特性相同、电路参数完全对称的条件下，双端输出差放电路对共模信号没有放大能力。

实际上，要达到电路完全对称是不容易的，即使这样，差动放大电路抑制共模信号的能力还是很强的。温度漂移信号或者干扰信号对放大电路来讲是共模信号，因此差动电路共模放大倍数越小，差放电路抑制零漂和抗干扰能力越强。

2）单端输出时共模电压放大倍数。

双端输入、单端输出时差动放大电路的交流通路如图 3.2.1-5 所示。

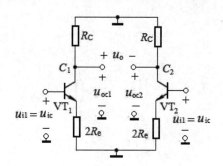

图 3.2.1-4　双端输入/双端输出共模
　　　　　　输入时的交流通路

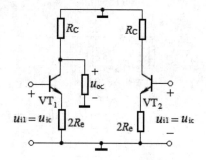

图 3.2.1-5　双端输入/单端输出共模
　　　　　　输入时的交流通路

单端输出共模电压放大倍数表示两个集电极任一端对地的共模输出电压与共模输入电压之比，即：

$$A_{uc1} = \frac{u_{oc1}}{u_{ic}} = \frac{u_{oc2}}{u_{ic}} = -\frac{\beta R_e}{r_{be} + (1+\beta)2R_e}$$

一般情况下，$(1+\beta)2R_e \gg r_{be}$，故上式可以简化为：

$$A_{uc1} \approx -\frac{R_C}{2R_e} \qquad (3.2\text{-}8)$$

由式（3.2-8）可以看出，R_e 越大，$|A_{uc1}|$ 越小，说明它抑制共模信号的能力越强。

（4）共模抑制。

差动放大器抑制共模信号的能力常用共模抑制比 K_{CMR} 来衡量。共模抑制比是放大器差模信号放大倍数 A_{ud} 与共模信号放大倍数 A_{uc} 之比，即：

$$K_{CMR} = \left| \frac{A_{ud}}{A_{uc}} \right| \qquad (3.2\text{-}9)$$

K_{CMR} 越大，表明电路抑制共模信号的能力越强。共模抑制比也用分贝来表示：

$$K_{CMR} = 20\lg \left| \frac{A_{ud}}{A_{uc}} \right| \ (\text{dB}) \qquad (3.2\text{-}10)$$

在差动放大器中，若电路参数完全对称，双端输出差动电路，因共模放大倍数 $A_{uc}=0$，其共模抑制比为无穷大；单端输出差动电路，根据式（3.2-6）和式（3.2-8），可得共模抑制比的表达式：

$$K_{CMR} = \left| \frac{A_{ud1}}{A_{uc1}} \right| \approx \frac{\beta Re}{r_{be}} \qquad (3.2\text{-}11)$$

由上式可知，射极电阻 Re 的数值越大，K_{CMR} 值也越大，抑制共模信号的能力越强。但是 Re 的增加会增加其直流压降，势必引起 U_{EE} 的增加，因而增加了电路功耗。

如 Re 用恒流源代替，则可克服上述缺点。图 3.2.1-6 所示电路是具有恒流源的差放电路，图 3.2.1-7 所示是其简化画法。

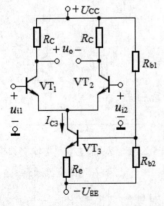

图 3.2.1-6　带恒流源的差动放大电路

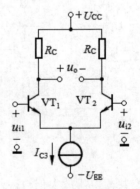

图 3.2.1-7　简化画法

图中 VT_3、R_{b1}、R_{b2}、R_e 组成恒流源。改变电阻 R_{b1}、R_{b2}、R_e 的值，可调整 VT_3 的静态电流 $I_{C3} \approx I_{C1} + I_{C2}$，以保证 VT_1、VT_2 两管有合适的静态工作点。

忽略 VT_3 的基极电流和发射结电压 U_{BE3}，由基尔霍夫电压定律可列出 VT_3 的基极回路方程，如下：

$$I_{C3}Re = \frac{U_{CC} + U_{EE}}{R_{b1} + R_{b2}} R_{b2}$$

由上式可得：

$$I_{C3} = \frac{(U_{CC} + U_{EE})R_{b2}}{(R_{b1} + R_{b2})Re} \qquad (3.2-12)$$

由上式可以看出，如果 U_{CC}、U_{EE} 采用精密稳压电源，同时 R_{b1}、R_{b2}、R_e 选用性能稳定的电阻，则 I_{C3} 大小基本恒定。

图 3.2.1-6 所示的电路，其输出方式可以是双端输出也可以是单端输出，其差模放大倍数与式（3.2-4）和式（3.2-5）相同。

在 VT_1、VT_2 两管特性一致的条件下，由于恒流源的交流电阻很大，其共模放大倍数很小，共模抑制比较大，可达 60～80dB。

其他接法的差动放大电路在此不做详述，读者可参考有关参考资料。

二、集成运算放大器

1. 集成运算放大器的结构

（1）集成运算放大器的基本结构和符号。

集成运算放大器是模拟电子电路中重要的器件之一，虽然不同运放有不同的功能和结构，但其基本结构具有共同之处。集成运放电路一般由四个部分组成，如图 3.2.2-1 所示。

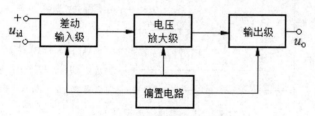

图 3.2.2-1　集成运放组成框图

1）输入级。

输入级是提高运算放大器性能的关键部分，要求其输入电阻高。为了能减小零点漂移和抑制共模干扰信号，输入级一般均采用具有恒流源的差动放大电路，也称差动输入级。

2）中间级。

中间级的作用是提供足够大的电压放大倍数，也称电压放大级。要求中间级本身具有较高的电压增益。

3）输出级。

输出级的作用是输出足够的电流以满足负载的需要，同时还要求有较低的输出电阻和较高的输入电阻，起到将放大级和负载隔离的作用。

4）偏置电路。

偏置电路的作用是为各级提供合适的静态工作电流，一般由各种恒流源电路组成。

集成运放的电路符号如图 3.2.2-2 所示。

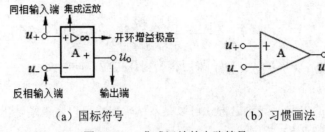

（a）国标符号　　　　　　　　　（b）习惯画法

图 3.2.2-2　集成运放的电路符号

运放电路图中只画出三个引脚，实际上集成运放的引脚不止三个，但为分析电路方便起见，其他引脚对电路分析没有影响，故略去不画。

（2）模拟集成运放的型号命名和封装形式。

我国半导体集成电路的型号命名按照 GB3430－82 应由五部分组成：

$$X \quad X \quad XXXX \quad X \quad X$$
$$① \quad ② \quad ③ \quad ④ \quad ⑤$$

其符号与定义见附录一，如 CF0741CT 各符号的含义如图 3.2.2-3 所示。

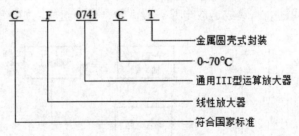

图 3.2.2-3　集成运放符号的含义

常见的集成运放有两种封装形式：金属圆壳式封装和塑料双列直插式封装，其外形如图 3.2.2-4 所示。

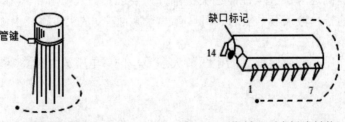

（a）金属圆壳式封装　　　　　　　（b）塑料双列直插式封装

图 3.2.2-4　集成运放的封装及引脚识别

金属封装器件以管键为辨认标志。由器件顶上向下看，管脚朝向自己，管键右方第一根引线为管脚1，然后逆时针围绕器件依次数出其余引脚。双列直插式器件，以缺口作为辨认标志，由器件顶上向下看，标志朝向自己，缺口标记的左下角第一引脚为1，然后逆时针围绕器件可依次数出其余引脚。

2. 集成运算放大器的主要参数

（1）开环差模电压放大倍数 A_{uo}。

集成运放在开环（无反馈）状态时，差模电压放大倍数 $A_{uo} = \dfrac{\Delta U_{Od}}{\Delta U_{Id}}$ ，用分贝表示为 $20\lg|A_{uo}|$。集成运放开环差模电压放大倍数较大，可达 140dB 以上。

（2）输入失调电压 U_{iO}。

理想运放，当输入电压为零时，输出电压为零。但实际运放的差动输入级很难做到完全对称，当输入电压为零时，输出电压不为零。

为使输出电压等于零，需要在输入端加一个补偿电压，即输入失调电压 U_{iO}。

（3）输入失调电流 I_{iO}。

I_{iO} 是指当输出电压为零时，流入运放两个输入端的静态基极电流之差，即 $I_{iO} = |I_{B1} - I_{B2}|$。

（4）最大差模输入电压 U_{idm}。

U_{idm} 是指运放同相和反相输入端之间所能加的最大电压。当输入电压大于此值时，输入级晶体管将出现反向击穿而损坏。

（5）最大共模输入电压 U_{icm}。

U_{icm} 是指运放在线性工作范围内所能承受的最大共模输入电压。如果共模输入电压超过此值，集成运放将不能正常工作。

（6）差模输入电阻 R_{id}。

R_{id} 是指集成运放两个输入端之间的交流输入电阻。集成运放的 R_{id} 很大，一般为几兆欧。

（7）输出电阻 R_o。

运算放大器开环工作时，在输出端看进去的等效电阻即为输出电阻。运算放大器的输出电阻一般较小。

（8）共模抑制比 K_{CMR}。

$$K_{CMR} = \left|\dfrac{A_{ud}}{A_{uc}}\right| ，用 dB 表示即为 20\lg\left|\dfrac{A_{ud}}{A_{uc}}\right|。$$

三、集成运放的分析方法及基本运算电路

1. 理想集成运放的性能指标及传输特性

（1）理想集成运放的性能指标。

把具有理想参数的集成运放叫做理想集成运放。理想运放的性能指标有以下几个：

- 开环差模电压放大倍数 $A_{uo} \to \infty$。
- 输入电阻 $R_{id} \to \infty$。
- 输出电阻 $R_o \to 0$。
- 共模抑制比 $K_{CMR} \to \infty$。

尽管理想运放并不存在，但实际集成运放的技术指标比较接近理想值，在分析运放电路时将其理想化是允许的，这种分析所带来的误差一般比较小，可以忽略不计。

（2）集成运放的传输特性。

集成运放的传输特性如图 3.2.3-1 所示。图中 BC 段为集成运放的线性区，AB 段和 CD 段为集成运放的非线性区（饱和区）。

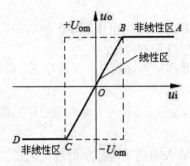

图 3.2.3-1　集成运放的传输特性

输入信号的绝对值较小时，运放工作在线性区，输出信号与输入信号成正比；当输入信号的绝对值大于某一数值时，运放工作在饱和状态，输出值为正负限幅值 $+U_{om}$ 或 $-U_{om}$。

（3）工作在线性区的集成运放。

集成运放工作在线性区的必要条件是引入深度负反馈（反相输入端和输出端有通路）。

理想运放工作在线性区时有两个重要特点：

- 由于理想运放 $A_{uo} \to \infty$，则 $u_{id} = u_{od}/A_{ud} \approx 0$；因为 $u_{id} = u_- - u_+$，所以 $u_+ = u_-$。由于运放两个输入端电位相同（电压为零），而又不是短路，所以称为虚假短路，简称"虚短"。
- 由于理想集成运放输入电阻 $R_{id} \to \infty$，可认为两个输入端不取电流，即 $i_+ = i_- \approx 0$，即流入集成运放同相端和反相端的电流几乎为零，输入端相当于断路，而又不是断开，所以称为虚假断路，简称"虚断"。

另外由于理想运放的输出电阻 $R_o \to 0$，带负载的能力很强，输出电压 u_o 不受负载或后级运放的输入电阻的影响。

2. 基本运算电路

由集成运放和外接电阻、电容构成的完成比例、加减、积分、微分运算的电路称为基本运算电路。在分析基本运算电路时，将集成运放看成理想运放，因此可根据"虚短"和"虚断"的特点进行分析。

（1）比例运算电路。

1）反相比例运算电路。

图 3.2.3-2 所示的电路是反相比例运算电路。

输入信号从反相输入端输入，同相输入端通过 R_2 接地。同相输入端电阻 R_2 称为平衡电阻，参数选择应使两输入端外接直流等效电阻平衡，即 $R_2 = R_1 \mathbin{/\mkern-5mu/} R_f$。

根据"虚短"和"虚断"的特点，即：

由于 $i_+ = i_- = 0$，所以 $u_+ = 0$。因为 $u_+ = u_-$，故 $u_- = 0$。

$$i_i = \frac{u_i}{R_1}$$

$$i_f = \frac{u_- - u_o}{R_f} = -\frac{u_o}{R_f}$$

因为 $i_- = 0$，$i_i = i_f$，可得：

$$u_o = -\frac{R_f}{R_1} u_i \qquad (3.2\text{-}13)$$

式（3.2-13）说明 u_o 与 u_i 大小成比例关系，负号表示输出电压与输入电压的相位相反。

电路的电压放大倍数：

$$A_{uf} = \frac{u_o}{u_i} = -\frac{R_f}{R_1} \qquad (3.2\text{-}14)$$

2）同相比例运算电路。

图 3.2.3-3 所示的电路称为同相比例运算电路。

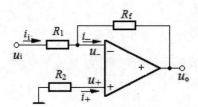

图 3.2.3-2　反相比例运算电路

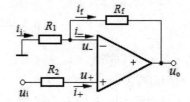

图 3.2.3-3　同相比例运算电路

输入信号从同相输入端输入，反相输入端通过电阻接地，并通过电阻和输出端连接（引入负反馈）。

因为 $u_+ = u_- = u_i$、$i_+ = i_- = 0$，所以：

$$i_1 = \frac{0 - u_-}{R_1} = i_f = \frac{u_- - u_o}{R_f}$$

$$u_o = \left(1 + \frac{R_f}{R_1}\right) u_- = \left(1 + \frac{R_f}{R_1}\right) u_i \qquad (3.2\text{-}15)$$

式（3.2-15）表明，u_o 与 u_i 的大小成比例关系，输出电压与输入电压相位相同，电路的电压放大倍数为：

$$A_{uf} = \frac{u_o}{u_i} = 1 + \frac{R_f}{R_1} \qquad (3.2-16)$$

若 $R_1 = \infty$ 或 $R_f = 0$，则 $u_o = u_i$。电路起电压跟随作用，故称为电压跟随器，如图 3.2.3-4 所示。

（2）加减运算电路。

1）加法运算电路。

图 3.2.3-5 所示是对两个输入信号求和电路。

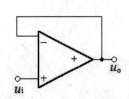

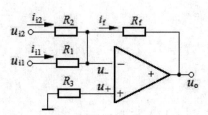

图 3.2.3-4　电压跟随器电路 　　　　　　图 3.2.3-5　加法电路

输入信号由反相输入端输入，同相输入端通过平衡电阻 R_3 接地，$R_3 = R_1 /\!/ R_2 /\!/ R_f$。

利用"虚短"和"虚断"的特点：

$$i_{i1} + i_{i2} = i_f$$

即：

$$\frac{u_{i1}}{R_1} + \frac{u_{i2}}{R_2} = \frac{0 - u_o}{R_f}$$

得出：

$$u_o = -R_f \left(\frac{u_{i1}}{R_1} + \frac{u_{i2}}{R_2} \right) \qquad (3.2-17)$$

若 $R_1 = R_2 = R_f$，则 $u_o = u_{i1} + u_{i2}$，实现了两个输入信号的反相相加。

2）减法运算电路。

减法运算电路如图 3.2.3-6（a）所示。

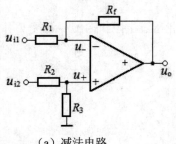
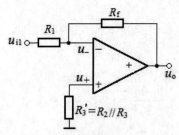
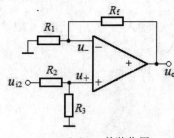

（a）减法电路　　　　　　（b）u_{i1} 单独作用　　　　　　（c）u_{i2} 单独作用

图 3.2.3-6　减法运算电路

两个输入信号分别加在运放电路的反相和同相输入端，又称为"差动运算电路"。

由叠加定理，u_{i1} 单独作用时电路如图 3.2.3-6（b）所示，此时电路是一个反相比例运算电路。

根据式（3.2-13）可得：

$$u_{o1} = -\frac{R_f}{R_1} u_{i1}$$

u_{i2} 单独作用时电路如图 3.2.3-6（c）所示，此时电路是一个同相比例运算电路。

同相输入端的电压为 $u_+ = \dfrac{R_3}{R_2 + R_3} u_{i2}$，根据式（3.2-15），其输出电压为：

$$u_{o2} = \left(1 + \frac{R_f}{R_1}\right)\left(\frac{R_3}{R_2 + R_3}\right) u_{i2}$$

$$u_o = u_{o1} + u_{o2} = \left(1 + \frac{R_f}{R_1}\right)\left(\frac{R_3}{R_2 + R_3}\right) u_{i2} - \frac{R_f}{R_1} u_{i1} \tag{3.2-18}$$

如果 $R_1 = R_2$，$R_3 = R_f$，输出电压为：

$$u_o = \frac{R_f}{R_1}(u_{i2} - u_{i1}) \tag{3.2-19}$$

适当选择电阻参数，输出电压与两个输入电压的差值成正比。

【例 3.1】求图 3.2.3-7 所示二级运放电路的输入、输出关系。

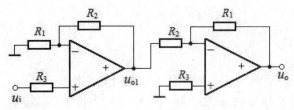

图 3.2.3-7　例 3.1 电路图

解： 第一级运放为同相比例运算电路，所以：

$$u_{o1} = \left(1 + \frac{R_2}{R_1}\right) u_i$$

第二级运放为反相比例运算电路，其输入信号是第一级的输出信号，所以：

$$u_o = -\frac{R_1}{R_2} u_{o1} = -\frac{R_1}{R_2}\left(1 + \frac{R_2}{R_1}\right) u_i = -\left(1 + \frac{R_1}{R_2}\right) u_i$$

（3）积分与微分电路。

1）积分电路。

基本积分电路如图 3.2.3-8（a）所示。

由于 $i_+ = i_- = 0$，$u_+ = u_- = 0$，所以 $i_R = i_C$，输出电压等于电容器两端的电压。假定电容器的初始电压为零，则输出电压为：

$$u_o = -\frac{1}{C}\int i_c \mathrm{d}t = -\frac{1}{C}\int \frac{u_i}{R}\mathrm{d}t = -\frac{1}{RC}\int u_i \mathrm{d}t \qquad (3.2\text{-}20)$$

上式表明，输出电压为输入电压对时间的积分且相位相反。

积分电路具有波形变换作用。图 3.2.3-8 所示的电路可将矩形波变成三角波输出。积分电路还常用来作为显示器的扫描电路、模/数转换器、数学模拟运算等。

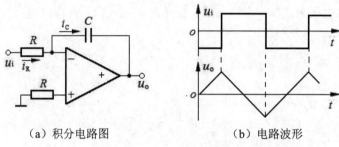

（a）积分电路图　　　　（b）电路波形

图 3.2.3-8　积分电路

2）微分电路。

将积分电路的电阻和电容元件位置互换，便构成微分电路，如图 3.2.3-9（a）所示。

因为 $i_+ = i_- = 0$，$u_+ = u_- = 0$，所以 $i_R = i_C$，即：

$$C\frac{\mathrm{d}u_i}{\mathrm{d}t} = -\frac{u_o}{R}$$

输出电压为：
$$u_o = -RC\frac{\mathrm{d}u_i}{\mathrm{d}t} \qquad (3.2\text{-}21)$$

上式表明，输出电压为输入电压对时间的微分且相位相反。

微分电路的波形变换作用如图 3.2.3-9（b）所示，可将矩形波变成尖脉冲输出。

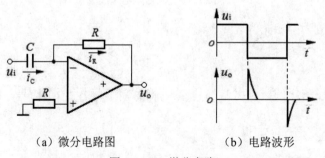

（a）微分电路图　　　　（b）电路波形

图 3.2.3-9　微分电路

【任务实施】

一、任务分析

1. 音频信号电平指示电路原理图

电平指示电路原理图如图 3.3.1-1 所示。

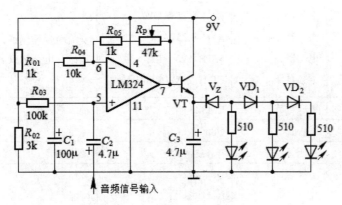

图 3.3.1-1　电平指示电路

2. 电路分析

（1）信号输入电路。

电路中，音频输入信号通过隔直、耦合电容 C_2 输入到运放同相输入端，构成同相输入放大形式。

（2）直流偏置电路。

电路中，电阻 R_{01}、R_{02}、R_{03} 构成运放直流偏置电路，保证静态时同相输入端、反相输入端、输出端电位相同。

（3）负反馈电路。

电路中，电阻 R_{04}、R_{05}、电位器 R_P 及电容 C_1 构成运放电路的负反馈电路，改变 R_P 的大小可以改变电路的放大倍数。

（4）信号放大与驱动电路。

图 3.3.1-1 所示的电路中，四运放 LM324 用作信号放大；LED 驱动电路由三极管 VT、电容器 C_3、稳压二极管 V_Z 组成；电阻器 R_1、R_2、R_3 为发光二极管的限流电阻，利用二极管 VD_1、VD_2 的压降使发光二极管的发光电平各级相差 0.7V。

3. 电路元器件参数

电平指示电路元器件参数及作用如表 3-1 所示。

表 3-1　电平指示电路元器件参数及作用

序号	元器件代号	名称	型号及参数	作用
1	R_{01}	电阻器	RJ11-0.25W-1k	直流偏置电路,保证静态时同相输入端、反相输入端、输出端电位相同
	R_{02}	电阻器	RJ11-0.25W-3k	
	R_{03}	电阻器	RJ11-0.25W-100k	
2	C_2	电容器	CD11-25V-4.7μF	输入耦合电容
3	R_{04}	电阻器	RJ11-0.25W-10k	交流负反馈网络,改变 R_P 的大小可以改变电路的放大倍数
	R_{05}	电阻器	RJ11-0.25W-1k	
	R_P	电位器	WTH-1W-47k	
	C_1	电容器	CD11-25V-100μF	
4	IC	集成运放	LM324	信号放大
5	VT	三极管	C8050	信号驱动
6	V_Z	稳压管	IN4729	稳压
7	VD_1	二极管	IN4148	降压
	VD_2	二极管	IN4148	降压
8	R_1	电阻器	RJ-0.5W-510Ω	限流电阻
	R_2	电阻器	RJ-0.5W-510Ω	限流电阻
	R_3	电阻器	RJ-0.5W-510Ω	限流电阻
9		发光二极管	LED-Φ5—红	电平显示
		发光二极管	LED-Φ5—红	电平显示
		发光二极管	LED-Φ5—红	电平显示

二、任务实施

1. 电路装配准备

（1）制作工具与仪器。

焊接工具：电烙铁（20～35W）、烙铁架、焊锡丝、松香。

制作工具：尖嘴钳、平口钳、镊子、剪刀。

测试仪器仪表：信号发生器、万用表、示波器。

（2）印刷电路板的设计与检查。

印刷电路板设计图如图 3.3.2-1 所示。

1）印制板板面应平整，无严重翘曲，边缘整齐，无明显碎裂、分层及毛刺，表面无被腐蚀的铜箔，线路面有可焊的保护层。

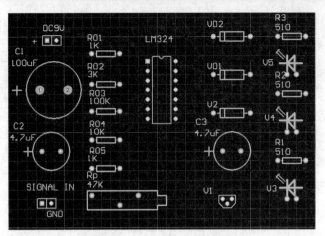

图 3.3.2-1　印刷电路板图

2）导线表面光洁，边缘无影响使用的毛刺和凹陷，导线不应断裂，相邻导线不应短路。

3）焊盘与加工孔中心应重合，外形尺寸、导线宽度、孔径位置尺寸应符合设计要求。

2. 元器件的检测

（1）发光二极管的识别与检测。

1）发光二极管的识别。

发光二极管可通过外形识别，发光二极管的外形如图 3.3.2-2 所示。

2）发光二极管的检测。

发光二极管的极性可通过引脚的长短来判断，引脚长的是阳极，引脚短的是阴极。

发光二极管的极性和质量的好坏可通过数字万用表二极管检测挡或专用测试电路进行检测，如图 3.3.2-2 所示。

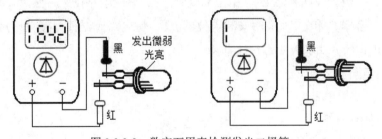

图 3.3.2-2　数字万用表检测发光二极管

（2）集成电路的识别与检测。

1）集成电路的识别。

集成电路的识别可从其外形和型号来识别。

2）集成电路的检测。

集成电路的好坏可通过查阅有关集成电路的资料了解集成电路的功能和各引脚的作用，

通过测量引脚间的正反向电阻（脱离电路）或在电路中测量引脚电压和资料中给定的数据进行比较，从而判定集成电路的好坏。

（3）LM324 简介。

LM324 为四运放集成电路，采用 14 脚双列直插塑料封装，内部包含四组运算放大器，除电源共用外，四组运放相互独立，具有相位补偿电路，电路功耗很小，其封装与引脚功能如图 3.3.2-3 所示。LM324 工作电压范围为 3～30V 或使用正负双电源±1.5V～±15V。由于 LM324 四运放电路具有电源电压范围宽、静态功耗小、可单电源使用、价格低廉等特点，因此被非常广泛地应用在各种电路中。

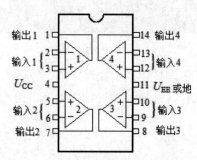

图 3.3.2-3　LM324 的封装与引脚功能

3. 电路装配

元件识别与检测完成后，如果元件都正常，就可以开始在印刷电路板上安装元件了。

（1）电路元件装配步骤。

电路板上元器件装配应遵循"先低后高、先内后外、先小后大"的原则。先安装电阻 R_{01}～R_{05} 和 R_1～R_3、二极管 VD_1 和 VD_2、稳压二极管 V_Z、集成电路插座，然后安装三极管 VT、发光二极管、电容器 C_1 和 C_2，最后安装电位器 R_P。待电路元器件焊接完毕后，把集成电路（LM324）按规定的方向插入集成电路插座。

（2）电路装配工艺要求。

电路装配工艺同任务一。

4. 电路测试与调整

（1）电路的测试与调整步骤。

先调整电路静态工作点，再调试输入音频信号后电路的动态工作情况。

（2）电路测试与调整方法。

1）仔细检查元器件安装是否正确及焊点间是否有短路，确认无误后通入直流 9V 电源。

2）用万用表直流电压挡测量 LM324 第 5 脚的电压，正常约为 6.7V 左右。第 5 脚的电压正常后，再测其他引脚电压，将测量值填入表 3-2 中。

表 3-2　LM324 引脚电压测试数据记录表

LM324 引脚	4	5	6	7	11
直流电压数据					

3）电路静态点正常后，调整电位器 R_p，使其大约处在中间位置，用音频信号发生器在电路输入端输入音频信号，调节输入信号的大小，观察指示灯发光的数量并记录数值填入表 3-3 中。

表 3-3　指示灯点亮的数量与输入信号大小的关系数据表

输入信号的大小			
指示灯点亮的数量	一个点亮	两个点亮	三个点亮

4）两个指示灯点亮时，保持输入信号大小不变，调节电位器 R_p 的大小，观察在输入信号不变的情况下指示灯被点亮数量的变化，把变化情况填入表 3-4 中。总结反馈电阻的大小对电路放大倍数的影响。

表 3-4　电位器的阻值与放大倍数、被点亮指示灯的数量关系表

电位器的阻值	阻值变小	阻值适中	阻值变大
放大倍数		适中	
点亮的指示灯		两个点亮	

5. 故障分析与排除

（1）静态工作点不正常。

此故障一般与供电电压 U_{CC}、偏置电阻（R_{01}、R_{02}、R_{03}）和集成电路本身有关，具体分析和排除方法如下：

1）LM324 引脚 5 电位为零。

先检查电源电压是否正常；若电压正常，检查偏置电阻 R_{02} 焊接时是否短路或偏置电阻 R_{01} 是否开路；若偏置电阻正常，关掉电源，取下集成电路；电路通电，再测量插座引脚 5，若电位仍为零，则是集成电路故障，需更换集成电路。

2）LM324 引脚 5 电位过高。

在电源电压正常条件下，检查偏置电阻 R_{02} 是否虚焊或偏置电阻 R_{01} 是否存在短路现象。

（2）指示灯无显示。

在静态工作点正常的情况下，输入足够大的输入信号而指示灯无显示，一般与输入耦合电容 C_2、集成运放、驱动三极管、稳压二极管等元器件有关，可用示波器逐点测量波形的方法来判定。

1）在输入端输入一定频率和幅值的音频信号，用示波器首先测量集成电路 5 脚的波形，若有交流波形，说明输入耦合电容正常。

2）测量集成运放 7 脚的波形，正常情况下，该脚有交变波形，且比 5 脚波形幅度大，否则运放电路存在问题，应进一步判断是集成运放问题还是外围电路问题。

3）测量三极管 VT 的发射极波形。正常情况下，该点的波形与运放 7 脚波形基本相同，否则应检查三极管是否正常工作。

4）若三极管 VT 的发射极波形正常，再测量稳压二极管 VD_2 的阳极波形，若无波形，说明稳压二极管开路；若有波形，再进一步检查限流电阻等元器件。

三、任务评价

本任务的考评点及所占分值、考评方式、考评标准及本任务在课程考核成绩中的比例如表 3-5 所示。

表 3-5　电平指示电路的制作评价表

序号	考评点	分值	考核方式	评价标准			成绩比例（%）
				优	良	及格	
一	任务分析	20	教师评价（50%）+互评（50%）	通过资讯，能熟练掌握电平指示电路的组成、工作原理，掌握电路元器件的功能，能分析、计算电路参数指标	通过资讯，能掌握电平指示电路的组成、工作原理，掌握电路元器件的功能，了解电路参数指标	通过资讯，能分析电平指示电路的组成、工作原理，了解电路元器件的功能	
二	任务准备	20	教师评价（50%）+互评（50%）	能正确使用仪器仪表识别、检测、选用集成电路、电解电容器、电阻器、稳压管、发光二极管等元器件，制定详细的安装制作流程与测试步骤	能正确使用仪器仪表识别、检测、选用集成电路、电解电容器、电阻器、稳压管、发光二极管等元器件，制定基本的安装制作流程与测试步骤	能正确识别、检测集成电路、电解电容器、电阻器、稳压管、发光二极管等元器件，制定大致的安装制作流程与测试步骤	15
三	任务实施	25	教师评价（40%）+互评（60%）	元器件成形尺寸准确，器件安装布局美观，焊接质量可靠，焊点规范、一致性好，能用万用表、示波器测量、观看关键点的数据和波形，能准确迅速排除电路的故障，电路调试一次成功	元器件成形尺寸准确，器件安装布局美观，焊接质量可靠，焊点规范、一致性好，能用万用表、示波器测量、观看关键点的数据和波形，能准确排除电路的故障，电路调试一次成功	元器件成形尺寸有一定误差，器件安装布局美观，焊接质量可靠，焊点较规范，能用万用表、示波器测量、观看关键点的数据和波形，能排除电路的故障，电路经过调试后能成功	
四	任务总结	15	教师评价（100%）	有完整、详细的音频电平指示电路的任务分析、实施、总结过程记录，并能提出电路改进的建议	有完整的音频电平指示电路的任务分析、实施、总结过程记录，并能提出电路改进的建议	有完整的音频电平指示电路的任务分析、实施、总结过程记录	

续表

序号	考评点	分值	考核方式	评价标准			成绩比例（%）
				优	良	及格	
五	职业素养	20	教师评价（30%）+自评（20%）+互评（50%）	工作积极主动、仔细认真；遵守工作纪律，服从工作安排；遵守安全操作规程，爱惜器材与测量仪器仪表，节约焊接材料，不乱扔垃圾，工作台和环境卫生清洁	工作积极主动；遵守工作纪律，服从工作安排；遵守安全操作规程，爱惜器材与测量仪器仪表，节约焊接材料，不乱扔垃圾，工作台和环境卫生清洁	遵守工作纪律，服从工作安排；遵守安全操作规程，爱惜器材与测量仪器仪表，节约焊接材料，不乱扔垃圾，工作台卫生清洁	

四、知识总结

（1）差动放大电路是一种具有两个输入端且电路结构对称的放大电路。差动放大电路具有放大差模信号、抑制共模信号的特点，即可以有效地抑制直接耦合电路中的零点漂移。

（2）差动放大电路使用了双倍于基本放大电路的元件数，但换来了抑制共模信号的能力。所以差动放大电路的分析可以利用单边电路的计算来进行（差模电压放大倍数等于单边电路的电压放大倍数，单端输出时是双端输出的一半；差模输入电阻为单边电路输入电阻的两倍）。

（3）为描述差动放大电路放大差模、抑制共模的能力，定义了共模抑制比 K_{CMR}，它是差模电压放大倍数与共模电压放大倍数的比值，K_{CMR} 越大，差动放大电路的性能越好。

（4）集成运算放大器是一种多级直接耦合的高电压放大倍数的集成放大电路，具有输入电阻高、输出电阻小的特点。内部结构主要由输入级、中间级、输出级以及偏置电路组成。输入级一般采用可以抑制零点漂移的差动放大电路；中间级采用共射极电路以获得较高的电压放大倍数；输出级采用互补对称的射极跟随器以提高带负载能力；偏置电路供给各级合理的偏置电流。

（5）在线性电路中常见的有比例、加减、积分、微分等运算电路，分析问题的关键是正确应用"虚短"和"虚断"的概念。

（6）在非线性电路中，电压比较器为开环应用和正反馈应用，不能用"虚短"和"虚断"的概念分析。

【知识拓展】

一、集成运放的非线性区应用

1. 非线性应用的条件和特点

集成运放处于开环状态或运放同相输入端与输出端有通路时（称为正反馈），集成运放工作在非线性区。它具有如下特点：对于理想运放，当反相输入端 u_- 与同相输入端 u_+ 不等时，输出只有两种状态：$+U_{om}$ 或 $-U_{om}$，当 $u_- > u_+$ 时，$u_o = -U_{om}$；当 $u_- > u_+$ 时，$u_o = +U_{om}$；当 $u_- = u_+$ 时，$u_o = 0$。

其中，U_{om} 是集成运放输出电压最大值，其工作特性如图 3.2.3-1 中的 AB 段和 CD 段所示。

2. 集成运放的非线性应用 —— 电压比较器

电压比较器的基本功能是比较两个或多个模拟量的大小，并由输出端的高低电平表示比较结果。

电压比较器是集成运放非线性应用的典型电路，它可以分为单门限电压比较器和滞回电压比较器两类。

（1）单门限电压比较器。

单门限电压比较器是指只有一个门限电压的比较器，基本电路如图 3.4.1-1 所示。

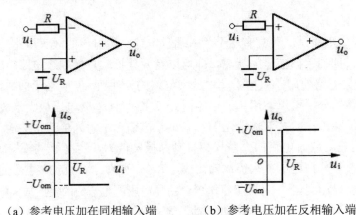

(a) 参考电压加在同相输入端　　　　(b) 参考电压加在反相输入端

图 3.4.1-1　单门限电压比较器

当参考电压 U_R 加于运放同相输入端而输入信号 u_i 加于运放反相输入端时，运放处于开环工作状态，具有很高的开环电压增益，电路的传输特性如图 3.4.1-1（a）所示。

当输入信号电压 u_i 小于参考电压 U_R，即 $u_+ > u_-$ 时，运放处于正向饱和状态，$u_o = +U_{om}$。

当输入信号电压 u_i 大于参考电压 U_R，即 $u_- > u_+$ 时，运放立即进入负向饱和状态，$u_o = -U_{om}$。

如果将参考电压 U_R 和输入信号电压 u_i 的接入端互换，即 U_R 接反相输入端，而 u_i 接同相输入端，则得到图 3.4.1-1（b）所示电路的传输特性。

如果参考电压 $U_R = 0$，则输入信号电压 u_i 每次过零时输出就要产生突然变化，这种比较器称为过零比较器，电路如图 3.4.1-2（a）所示，其传输特性如图 3.4.1-2（b）所示。

利用过零比较器可将正弦波变为方波，其波形变换作用如图 3.4.1-2（c）所示。

（2）滞回电压比较器。

1）电路的结构特点。

滞回电压比较器的组成如图 3.4.1-3（a）所示。它是在图 3.4.1-1（a）所示电压比较器的基础上，通过 R_2、R_f 分压，把输出电压加到放大器的同相输入端构成的。

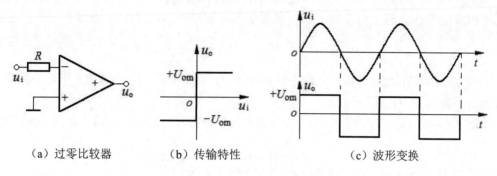

（a）过零比较器　　（b）传输特性　　　　（c）波形变换

图 3.4.1-2　过零比较器及波形变换

2）传输特性。

当输入电压 $u_i < U_+$ 时，$u_o = +U_{om}$，此时运放同相输入端的电压 U_+ 称为上门限电平，用 U_{TH1} 表示。

根据叠加定理，可由图 3.4.1-3 求得同相输入端的电压为：

$$U_{TH1} = U_+ = \frac{R_f}{R_1 + R_f} U_R + \frac{R_2}{R_2 + R_f} U_{om} \qquad (3.4\text{-}1)$$

假设 u_i 从零逐渐增大，在 $u_i < U_{TH1}$ 之前，始终 $u_o = +U_{om}$，U_{TH1} 的值不变；当 $u_i > U_{TH1}$ 时，$u_o = -U_{om}$。只要 $u_i > U_{TH1}$，u_o 将始终保持 $-U_{om}$，其传输特性如图 3.4.1-3（b）所示。

在 $u_i > U_{TH1}$ 时，u_o 翻转到 $-U_{om}$，此时运放同相输入端的电压 U_+ 称为下门限电平，用 U_{TH2} 表示。同样根据叠加定理，可由图 3.4.1-3 求得同相输入端的电压为：

$$U_{TH2} = U_+ = \frac{R_f}{R_1 + R_f} U_R - \frac{R_2}{R_2 + R_f} U_{om} \qquad (3.4\text{-}2)$$

现在如果减小 u_i，当 u_i 减小为 $u_i = U_{TH1}$ 时，由于此时 $U_{TH1} > U_{TH2}$，输出电压仍为 $u_o = -U_{om}$，只有当 $u_i < U_{TH2}$ 时，u_o 才由 $-U_{om}$ 跳变到 $+U_{om}$，其传输特性如图 3.4.1-3（c）所示。

把图 3.4.1-3（b）和（c）的传输特性合在一起就构成了如图 3.4.1-3（d）所示的合成特性。

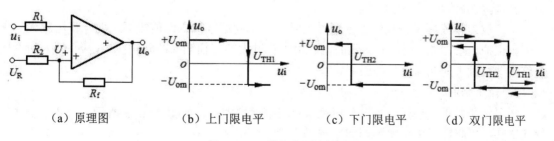

（a）原理图　　　（b）上门限电平　　　（c）下门限电平　　　（d）双门限电平

图 3.4.1-3　滞回电压比较器

3）回差电压。

由式（3.4-1）和式（3.4-2）可以看出，上门限电平U_{TH1}和下门限电平U_{TH2}的值不同，我们把上门限电平U_{TH1}与下门限电平U_{TH2}的差值称为回差电压，用ΔU_{TH}表示：

$$\Delta U_{TH} = U_{TH1} - U_{TH2} = 2U_{om} \frac{R_2}{R_2 + R_f} \tag{3.4-3}$$

回差电压的存在大大提高了电路的抗干扰能力。只要干扰信号的峰值小于半个回差电压，比较器就不会因为干扰而误动作。

由图 3.4.1-4 可见，即使有干扰信号叠加也并不影响信号输出，电路具有抗干扰作用。

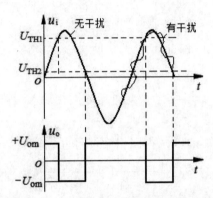

图 3.4.1-4　滞回电压比较器的抗干扰作用

二、集成运放的保护

集成运放由于电源电压极性接反或电源电压突变、输入信号电压过大、输出端负载短路、过载或碰到外部高电压造成电流过大等，都可能引起器件的损坏，因此需要在电路中加入保护措施。

1. 电源保护

为了防止电源极性接反，引起运放损坏，可利用二极管的单向导电性，在电源连接线中串接二极管来实现保护，如图 3.4.2-1 所示。

2. 输入端保护

当运放差模或共模输入信号电压过大时，会引起运放输入级的损坏，为此在运放输入端加限幅保护。图 3.4.2-2（a）所示的电路用于对过大的差模输入的限幅保护，图（b）所示的电路用于对过大的共模信号的限幅保护。

3. 输出保护

为了防止输出电压过大，可利用稳压管限幅保护电路，如图 3.4.2-3 所示，将两个稳压管反向串联，可将输出电压限制在$\pm U_Z$范围内。

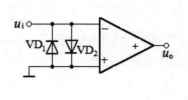

图 3.4.2-1　电源保护

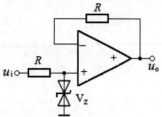

图 3.4.2-2　输入端保护

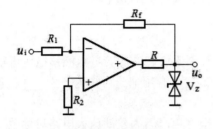

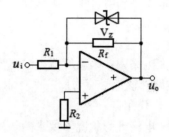

（a）输出端接稳压管　　　　（b）反馈支路中并联二极管

图 3.4.2-3　输出端保护

【任务训练】

一、选择题

1．理想集成运放"虚断"的具体含义是（　　）。

　　A．两输入端输入、输出电流为零　　　　B．两输入端的电位相同

　　C．运放输出电阻为零

2．理想运放工作于非线性状态，如果 $u_- > u_+$，则其输出为（　　）。

　　A．$u_o = -U_{om}$　　　　B．$u_o = +U_{om}$　　　　C．$u_o = 0$

3．集成运放 LM324 内部有（　　）个相同的运算放大器。

　　A．1　　　　　　　　B．2　　　　　　　　C．4

4．集成运放的输入级采用差动放大电路是因为可以（　　）。

　　A．抑制共模信号　　　　　　　　　B．增大放大倍数

　　C．提高输入电阻

5．为增大电压放大倍数，集成运放的中间级多采用（　　）。

　　A．共射放大电路　　　　　　　　　B．共集放大电路

　　C．共基放大电路

二、判断题

1．运放的输入失调电压 U_{iO} 是两输入端电位之差。 （　）

2．运放的输入失调电流 I_{iO} 是两端电流之差。 （　）

3．运放的共模抑制比 $K_{CMR} = \left| \dfrac{A_d}{A_c} \right|$。 （　）

4．有源负载可以增大放大电路的输出电流。 （　）

5．在输入信号作用时，偏置电路改变了各放大管的动态电流。 （　）

三、填空题

1．差动放大电路中，因温度或电源电压等因素引起的两管零点漂移电压可视为_____模信号，差动电路对该信号有_____作用。而对于有用信号可视为_____模信号，差动电路对其有_____作用。

2．差动放大电路理想状况下要求两边完全对称，因为差动放大电路对称性越好，对零漂抑制越_____。

3．差模输入是指_____，共模输入是指_____。

4．差动放大电路的共模抑制比 $K_{CMR} =$ _____。共模抑制比越小，抑制零漂的能力越_____。

5．差动放大电路的两个输入端就是集成运放的两个输入端。信号从反相输入端输入，则输出信号与输入信号的相位_____；信号从同相输入端输入，则输出信号与输入信号的相位_____。

6．集成运算放大电路是高增益的多级直接耦合放大电路，内部主要由_____、_____、_____、_____四部分组成

7．集成运放有两个输入端，其中标有"－"号的称为_____输入端，标有"＋"号的称为_____输入端，∞表示_____。

8．理想运放的参数具有以下特征：开环差模电压放大倍数 $A_{uo} =$ _____，开环差模输入电阻 $R_{id} =$ _____，输出电阻 $R_o =$ _____，共模抑制比 $K_{CMR} =$ _____。

9．当集成运放处于_____状态时，可运用_____和_____概念。

10．运算放大器作同相输入放大电路应用时，其闭环电压放大倍数 $A_{uf} =$ _____。当 $R_1 =$ _____或 $R_f =$ _____时称为跟随器，此时 $A_{uf} =$ _____。

四、分析与计算题

1．某一差动放大电路，当输入的共模信号为 10mV 时，输出信号电压为 25mV；当输入的差模信号为 10mV 时，输出信号电压为 3V，求共模抑制比 K_{CMR}。

2．试求练习题 1 图所示各电路输出电压与输入电压的运算关系式。

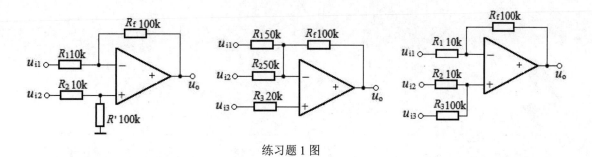

练习题 1 图

3．分别求解练习题 2 图所示各电路的运算关系。

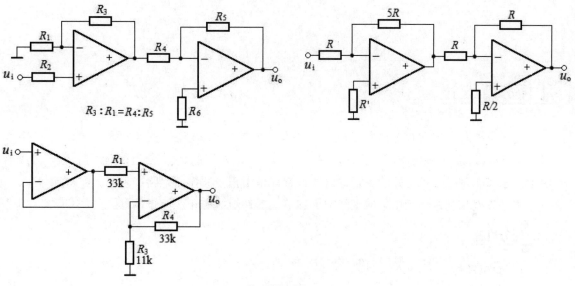

练习题 2 图

4

正弦信号发生器电路分析与制作

【任务描述】

电子电路除了能对信号进行放大外，还有一个重要的功能就是产生信号，能自己产生信号的电路叫振荡器。振荡器产生的信号有各种波形，最常用的是正弦波。电子琴、音乐合成器等电子乐器能发出各种美妙的声音，这些声音都是由正弦波振荡电路产生的。

本任务就是制作一款由集成运算放大器等元器件组成的正弦波振荡器。

一、任务目标

1. 知识目标

（1）掌握振荡电路的组成，理解产生振荡的基本条件。

（2）掌握 RC 桥式正弦波振荡器的工作原理。

（3）掌握 LC 振荡电路的工作原理及波振荡频率的估算方法。

（4）掌握电压比较器电路的工作原理。

2. 技能目标

（1）能判断电路振荡的条件，会分析振荡电路的工作原理。

（2）能安装、调试正弦波振荡器。

（3）能用万用表、示波器观察、测试振荡电路的参数和波形。

二、任务学习情境

正弦波发生器电路的分析与制作

名称	正弦波发生器电路的分析与制作
内容	根据给定电路的结构与参数制作一个正弦波振荡器 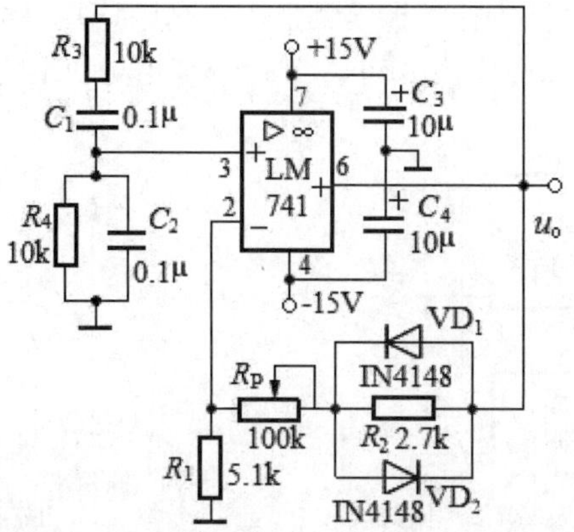
要求	1. 熟悉电路各元器件的作用 2. 进行电路元器件的识别和质量检测 3. 进行电路元器件的安装 4. 进行电路参数的测试与调整 5. 撰写电路制作报告

【相关知识】

一、正弦波振荡器

1. 正弦波振荡电路的组成和基本原理

振荡电路一般由放大电路和反馈网络等组成，其电路组成框图如图 4.2.1-1 所示。

其中 $\dot{U}_i$ 为一定频率和幅度的正弦波，$\dot{U}_o$ 为电路的输出信号，$\dot{U}_f$ 为电路的反馈信号，$\dot{A}_u$ 为放大器的电压放大倍数，$\dot{F}_u$ 为反馈网络的反馈系数。

如将开关 S 置向位置 1，则输入信号 $\dot{U}_i$ 加到放大电路的输入端，经放大后输出 $\dot{U}_o$，而 $\dot{U}_o$ 又通过反馈网络在输入端输出反馈信号 $\dot{U}_f$。如果 $\dot{U}_f$ 和 $\dot{U}_i$ 大小相等、相位相同，可将开关 S 接至 2 端，用反馈信号取代输入信号，在没有外加输入信号的情况下，输出端可维持一定频率和幅度的信号 $\dot{U}_o$ 输出，从而实现了自激振荡。

实际的振荡器不需要外加输入信号激发即可产生输出信号。其振荡过程如下：电路在接通电源瞬间，电路出现了一个电冲击信号，其中包含频率 $0 \sim \infty$ 的各种谐波分量，满足振荡条件的特定频率（由选频回路决定）信号经放大器放大、正反馈，输出信号的幅度很快增加，在输出端得到如图 4.2.1-2 中 ab 段所示的起振波形。

振荡电路除了放大、反馈环节外，为得到单一频率的振荡信号，必须增加选频网络。只有选频网络中心频率上的信号才能产生正反馈形成振荡，而其他频率信号被抑制。

另外，电路起振后，为稳定振荡幅值，电路中还需要增加稳幅环节。当振荡电路的输出达到一定幅度后，稳幅环节使输出减小，维持一个相对稳定的稳幅振荡，如图 4.2.1-2 中的 bc 段。

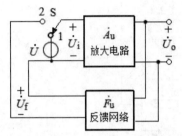

图 4.2.1-1　振荡电路组成框图

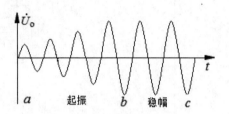

图 4.2.1-2　自激振荡的起振波形

综上所述，振荡器一般需要由以下四个部分组成：

（1）放大电路。

放大电路是维持振荡器连续工作的主要环节。没有放大，信号就会逐渐衰减，不能产生持续的振荡。放大电路工作时，静态工作点要合适，具有放大作用。

（2）反馈网络。

反馈网络的作用是形成反馈（正反馈）。它将输出信号的一部分或者全部反送到输入端。

（3）选频网络。

选频网络的作用是选择振荡信号的频率。只有频率等于选频网络中心频率的信号，才能反馈到信号输入端而产生自激振荡。选频网络可以包含在放大器内，也可以设在反馈网络内。

（4）稳幅电路。

稳幅电路的作用是使振荡信号幅值稳定，以达到振荡器所要求的幅值。简单的稳幅电路是利用晶体管截止区和饱和区的非线性来实现稳幅的；要求波形好的电路，常采用非线性元件来稳幅，如热敏电阻或二极管等。

2．振荡的平衡条件和起振条件

（1）振荡的平衡条件。

当反馈信号 $\dot{U}_f$ 等于输入信号 $\dot{U}_i$ 时，振荡电路的输出电压不再发生变化，电路达到稳定状态。因此，将 $\dot{U}_f = \dot{U}_i$ 称为振荡的平衡条件。注意 $\dot{U}_f$ 和 $\dot{U}_i$ 都是复数，两者大小相等且相位相同。

根据图 4.2.1-1 可知：

$$\dot{A}_u = \frac{\dot{U}_o}{\dot{U}_i} \; ; \quad \dot{F}_u = \frac{\dot{U}_f}{\dot{U}_o} \tag{4.2-1}$$

所以：
$$\dot{U}_f = \dot{F}_u \dot{U}_o = \dot{F}_u \dot{A}_u \dot{U}_i \tag{4.2-2}$$

由此可得振荡的平衡条件为：
$$\dot{A}_u \dot{F}_u = \left| \dot{A}_u \dot{F}_u \right| \angle \varphi_a + \varphi_f = 1 \tag{4.2-3}$$

式中 $\left| \dot{A}_u \dot{F}_u \right|$ 为 $\dot{A}_u \dot{F}_u$ 的模，φ_a、φ_f 为 $\dot{A}_u$、$\dot{F}_u$ 的相角。

因此，振荡的平衡条件包括振幅平衡条件和相位平衡条件。

振幅平衡条件：
$$\left| \dot{A}_u \dot{F}_u \right| = 1 \tag{4.2-4}$$

即放大倍数 $\dot{A}_u$ 与反馈系数 $\dot{F}_u$ 乘积的模等于 1。

相位平衡条件：
$$\varphi_a + \varphi_f = 2n\pi \; (n = 0,1,2,\cdots) \tag{4.2-5}$$

式（4.2-5）说明，放大器与反馈网络组成的闭环系统，其总相移等于 2π 的整数倍。

作为一个稳态振荡电路，相位平衡条件和振幅平衡条件必须同时满足。利用振幅平衡条件可以确定振荡的输出信号幅度，利用相位条件可以确定振荡信号的频率。

（2）振荡的起振条件。

式（4.2-3）是维持振荡的平衡条件。为使振荡电路接通电源后能够自动起振，除在相位上要求反馈电压与输入电压同相外，还要在幅度上要求 $\dot{U}_f > \dot{U}_i$。

因此，振荡的起振条件也包括相位和振幅两个条件。

振幅起振条件：
$$\left| \dot{A}_u \dot{F}_u \right| > 1 \tag{4.2-6}$$

相位起振条件：
$$\varphi_a + \varphi_f = 2n\pi \; (n = 0,1,2,\cdots) \tag{4.2-7}$$

3．振荡器的主要性能参数

在实际应用中，总希望振荡器频率稳定不变。但由于受环境温度及元件老化等因素的影响，振荡频率或多或少会发生变化。振荡器的主要性能参数有频率准确度和频度稳定度。

（1）频率准确度。

频率准确度又称频率精度，可用两种方法表示。

1）绝对频率准确度 Δf。

Δf 是指一定条件下，实际振荡频率与标称频率之间的偏差值，即：
$$\Delta f = \left| f - f_0 \right| \tag{4.2-8}$$

2）相对频率准确度 $\Delta f / f_0$。

相对频度准确度是指绝对频率差值与标称频率的比值，即：
$$\Delta f / f_0 = \left| f - f_0 \right| / f_0 \tag{4.2-9}$$

（2）频率稳定度。

频率稳定度是指在一定观测时间内，由各种因素引起振荡频率相对于标称频率变化的程度。频率稳定度一般用频率的相对变化量 $\Delta f / f_0$ 来表示。$\Delta f = f - f_0$ 为频率偏移，f 为实际振荡频率，f_0 为标称振荡频率。

频率稳定度用 10^{-n} 表示，方次绝对值越大，频率稳定度越高。

二、RC 正弦波振荡电路

采用 RC 电路作为选频网络构成的振荡电路称为 RC 振荡电路，一般用于产生 1Hz～1MHz 的低频信号。常用的 RC 振荡电路有 RC 桥式振荡电路和 RC 移相振荡电路。

1. RC 桥式振荡电路

RC 桥式振荡电路主要由 RC 选频网络和放大器两部分组成。

（1）RC 串并联网络的选频特性。

RC 串并联网络如图 4.2.2-1 所示。Z_1 为 $R_1 C_1$ 的串联阻抗，Z_2 为 $R_2 C_2$ 的并联阻抗。

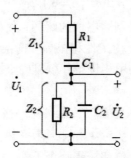

图 4.2.2-1 RC 串并联网络

假定输入电压 $\dot{U}_1$ 为幅值恒定、频率可调的正弦电压，则输出电压 $\dot{U}_2$ 的大小与输入电压 $\dot{U}_1$ 的相位差将随外加信号频率 f 而变化。

若取 $R_1 = R_2 = R$，$C_1 = C_2 = C$，并令 RC 串并联选频网络的电压传输系数 $\dot{F}_u = \dot{U}_2 / \dot{U}_1$，由图 4.2.2-1 可得：

$$\dot{F}_u = \frac{\dot{U}_2}{\dot{U}_1} = \frac{Z_2}{Z_1 + Z_2} = \frac{\dfrac{R}{1 + j\omega CR}}{R + \dfrac{R}{1 + j\omega CR} + \dfrac{1}{j\omega C}} = \frac{1}{3 + j\left(\omega CR - \dfrac{1}{\omega CR}\right)}$$

（4.2-10）

$$= \frac{1}{3 + j\left(\dfrac{\omega}{\omega_0} - \dfrac{\omega_0}{\omega}\right)}$$

式中：
$$\omega_0 = \frac{1}{RC}$$

（4.2-11）

根据式（4.2-10）可以得到 RC 串并联选频网络的幅频特性和相频特性分别为：

$$\begin{cases} \left|\dot{F}_u\right| = \dfrac{1}{\sqrt{3^2 + \left(\dfrac{\omega}{\omega_0} - \dfrac{\omega_0}{\omega}\right)^2}} \\[4ex] \varphi_f = -\arctan\dfrac{\dfrac{\omega}{\omega_0} - \dfrac{\omega_0}{\omega}}{3} \end{cases} \tag{4.2-12}$$

RC 串并联选频网络的幅频特性和相频特性曲线如图 4.2.2-2 所示。

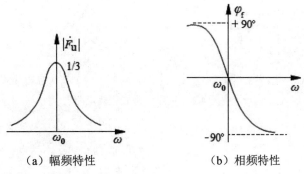

（a）幅频特性　　　　　　　　（b）相频特性

图 4.2.2-2　RC 串并联网络的幅频特性和相频特性

由图可见，RC 串并联网络具有选频特性。当 $\omega = \omega_0$ 时，也就是输入信号 $\dot{U}_1$ 的频率 $\omega = \omega_0 = \dfrac{1}{RC}$ 时，网络输出电压 $\dot{U}_2$ 值最大，且与输入电压同相；偏离 ω_0 的其他频率信号，输出电压衰减很快，且存在相位差。当 $\omega = \omega_0$ 时反馈系数 $\dot{F}_u$ 的模达到最大值，为 $1/3$。即频率为 ω_0 的信号正反馈作用最强，反馈幅度最大。

（2）RC 桥式振荡电路。

RC 桥式振荡电路中的放大器可由两级阻容耦合放大电路组成，也可由运算放大器构成。由集成运算放大器构成的 RC 桥式振荡电路如图 4.2.2-3 所示。

1）电路组成。

图中 RC 串并联选频网络接在运算放大器的输出端和同相输入端之间，既有选频作用，同时构成正反馈；R_F、R_1 接在运算放大器的输出端和反相输入端之间，构成负反馈。正反馈电路和负反馈电路构成一文氏电桥电路，如图 4.2.2-3（b）所示，运算放大器的输入端和输出端分别跨接在电桥的对角线上，把这种振荡电路称为 RC 桥式振荡电路。

2）工作原理。

振荡器的振幅平衡条件很容易满足。因为由 RC 串并联电路组成的选频、反馈电路的反馈

系数 $\dot{F}_u$ 在 ω_0 时为 1/3，所以只要使放大器的电压放大倍数 $\left|\dot{A}_u\right|=\left(1+\dfrac{R_F}{R_1}\right)=3$，就能满足 $\left|\dot{A}_u\dot{F}_u\right|=1$ 的条件；对于频率偏离 ω_0 的其他信号，由于 U_1 与 U_0 的相位不同，不满足自激振荡的相位平衡条件而被衰减。

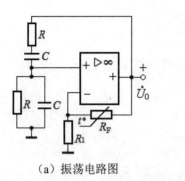 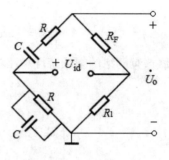

（a）振荡电路图　　　　　　（b）文氏电桥等效电路

图 4.2.2-3　RC 桥式振荡电路

电路的振荡频率为：

$$f_0=\frac{1}{2\pi RC} \tag{4.2-13}$$

由于运算放大器的放大倍数远大于 3，这将导致有源器件工作在非线性区域而使输出波形严重失真。为此，RC 振荡器必须采用深度负反馈来改善振荡波形和稳定振荡幅度。电路中的 R_1 和 R_F 组成的串联电压负反馈电路即是电路的稳幅环节，R_F 为负温度系数的热敏电阻。

电路起振时，由于 $\dot{U}_o=0$，流过 R_F 的电流 $\dot{I}_f=0$，热敏电阻 R_F 处于冷态，阻值比较大，放大电路负反馈较弱，$\left|\dot{A}_u\right|$ 很高，振荡很快建立。

随着输出信号振荡幅度的增大，流过 R_F 的电流 $\dot{I}_f$ 增大，R_F 的温度升高，其阻值减小，负反馈加深，$\left|\dot{A}_u\right|$ 自动下降，在运算放大器还未进入非线性工作区时，振荡电路即达到振幅平衡条件 $\left|\dot{A}_u\dot{F}_u\right|=1$，振荡电路输出为一失真很小的正弦波。

负反馈支路采用热敏电阻后，不仅使 RC 桥式振荡电路起振容易，振荡波形改善，同时还具有很好的稳幅特性。

实用 RC 桥式振荡电路中热敏电阻的选择是很重要的。为了保证起振，$\left|\dot{A}_u\right|=\left(1+\dfrac{R_F}{R_1}\right)>3$，即 $R_F/R_1>2$，$R_F>2R_1$。说明 R_F 过小时，电路有可能停振；R_F 过大时 $\left|\dot{A}_u\right|$ 又远大于 3，输出电压波形有可能产生非线性失真。为使电路容易起振，又不产生严重的波形失真，应使 R_F 的冷态值略大于 $2R_1$。

图 4.2.2-4 所示的电路为由两级阻容耦合放大器组成的 RC 桥式振荡电路。

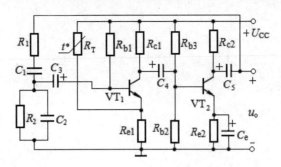

图 4.2.2-4　分立元件放大电路组成的 RC 振荡电路

图中 R_1C_1 和 R_2C_2 串并联电路为电路选频网络。由于有两级反相放大器，从 VT_2 输出端取出的反馈电压和放大器输入电压同相，只有频率为 $f_0 = \dfrac{1}{2\pi RC}$ 的信号满足相位平衡条件而起振。

电路中 R_T 和 R_{e1} 组成电压串联负反馈电路。其中 R_T 是一个负温度系数的热敏电阻，其工作原理与集成运算放大器构成的 RC 桥式振荡电路相同，在此不再赘述。

2. RC 移相振荡电路

RC 移相振荡电路如图 4.2.2-5 所示。图中反馈网络由三节 RC 移相电路构成。由于集成运放输入、输出相移为 180°，为满足振荡相位平衡条件，反馈网络对信号需要再移相 180°。

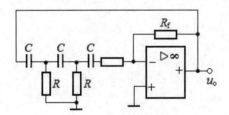

图 4.2.2-5　RC 移相振荡电路

由于一节 RC 电路移相不超过 90°，所以电路至少要用三节 RC 移相电路才能满足振荡相位条件。

根据相位平衡条件，移相振荡电路的振荡频率为：

$$f_0 = \frac{1}{2\pi RC\sqrt{6}} \tag{4.2-14}$$

振幅起振条件为：

$$\left| \dot{A}_u \right| > 29 \tag{4.2-15}$$

RC 移相振荡电路具有结构简单、经济方便等优点，缺点是选频性能较差、频率调节不方便、输出幅度不够稳定、输出波形较差，一般只用于振荡频率固定、稳定性要求不高的场合。

【任务实施】

一、任务分析

1．电路原理图

给定参数的正弦波振荡器电路原理图如图 4.3.1-1 所示。

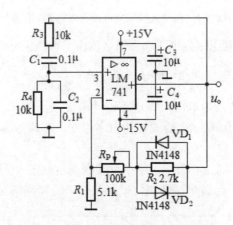

图 4.3.1-1　正弦波振荡器电路原理图

2．电路分析

图 4.3.1-1 所示电路为 RC 桥式振荡电路。

放大器由运算放大器 LM741 组成，正反馈选频网络由 R_3C_1 和 R_4C_2 组成的 RC 串并联网络组成，稳幅电路由负反馈支路中的二极管 VD_1、VD_2、电阻 R_2、电位器 R_P 组成，图中 C_3、C_4 为电源的滤波电容。

电路起振时，由于 U_o 小，VD_1、VD_2 接近于开路，R_2、VD_1、VD_2 并联电路的等效电阻近似等于 R_2，此时 $|\dot{A}_u| = 1 + (R_P + R_2)/R_1 > 3$，电路产生振荡。

随着 U_o 的增大，VD_1 或 VD_2 导通，R_2、VD_1 或 VD_2 并联电路的等效电阻减小，$|\dot{A}_u|$ 随之下降，使 $|\dot{A}_u| = 3$，U_o 幅度趋于稳定。R_P 用来调节输出电压的波形和幅度。注意 R_P 的调节很重要，调节不当会造成输出波形严重失真或停振。

3．电路主要技术参数与要求

（1）振荡频率：$f_0 = 160\text{Hz}$。

（2）输出幅度可调范围：2～4V。

（3）输出稳定且无明显失真。

4. 电路元器件参数及功能

给定电路结构与参数的 RC 文氏电桥振荡器的参数及功能如表 4-1 所示。

表 4-1　RC 文氏电桥振荡器元器件的参数及功能

序号	元器件代号	名称	型号及参数	作用
1	R_1	电阻器	RT–0.125W–5.1kΩ±5%	与 R_P 配合决定放大量
2	R_2	电阻器	RT–0.125W–2.7kΩ±5%	与 VD_1、VD_2 配合实现稳幅
3	R_3、R_4	电阻器	RT–0.125W–10kΩ±5%	反馈、选频
4	C_1、C_2	电容器	CL11–63V–0.1μF±5%	反馈、选频
5	C_3、C_4	电容器	CL11–50V–10μF±5%	滤波
6	R_P	微调电位器	WH06–2W–100kΩ	与 R_3 配合决定放大量
7	VD_1、VD_2	二极管	IN4148	与 R_2 配合实现稳幅
8	IC	运算放大器	LM741	放大
9	$+U_{CC}$、$-U_{CC}$	直流电源	+15V、–15V 直流电源	提供能量

二、任务实施

1. 电路装配准备

（1）制作工具及测量仪器仪表。

焊接工具：电烙铁（20～35W）、烙铁架、焊锡丝、松香。

制作工具：尖嘴钳、平口钳、镊子。

测试仪器仪表：0～30V 双路稳压电源 1 台、双踪示波器 1 台、数字频率计 1 台、万用表 1 块。

（2）印刷电路板的设计与检查。

正弦波振荡器电路的印刷电路板设计图如图 4.3.2-1 所示。

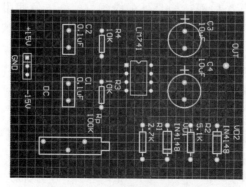

图 4.3.2-1　电路装配印刷电路板

1）印制板板面应平整，无严重翘曲，边缘整齐，无明显碎裂、分层及毛刺，表面无被腐蚀的铜箔，线路面有可焊的保护层。

2）导线表面光洁，边缘无影响使用的毛刺和凹陷，导线不应断裂，相邻导线不应短路。

3）焊盘与加工孔中心应重合，外形尺寸、导线宽度、孔径位置尺寸应符合设计要求。

2．元器件的检测

（1）电阻器、电容器、二极管的识别与检测，参考任务
一的有关内容。

（2）集成电路 LM741 的内部结构，如图 4.3.2-2 所示。

LM741 的引脚功能：1、5 调零端；2 反相输入端；3 同相
输入端；4 负电源；6 输出端；7 正电源；8 空脚。

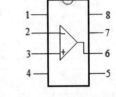

图 4.3.2-2　LM741 的内部结构

运算放大器的检测参考 3.4.1 节有关内容。

（3）微调电位器的识别与检测。

1）电位器的外观识别。

电位器即可变电阻器，用在电路中需要调节电阻的位置。电位器的种类很多，按调节方式可分为旋转式和直滑式，电子电路常见电位器的外形如图 4.3.2-3 所示。

电位器一般有 3 个引脚，分固定端和可变端（滑动端），其电路符号如图 4.3.2-4 所示。三个脚可接成电位器的形式，也可接成分压器的形式。

图 4.3.2-3　常见电位器的外形

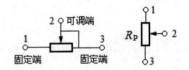

图 4.3.2-4　电位器的电路符号

2）电位器的检测。

电位器的检测主要有两个方面：一是外观检测，检查电位器引脚端子是否松动，接触是否良好，调节阻值时，应感觉平滑、舒适，不应有过松、过紧的现象；二是阻值检测，看两固定端的阻值是否在标称值及误差所允许的范围内；测量可变端与固定端之间的阻值时，若慢慢改变阻值调节器，万用表指示的阻值应连续均匀变化，如果阻值变化发生跳变或变化过程中阻值不稳定，则说明电位器内部存在接触不良的故障。

3．电路装配

元件识别与检测完成后，如果元件都正常，就可以开始在印刷电路板上安装元件了。

（1）电路装配步骤。

电路板上元器件装配应遵循"先低后高、先内后外、先小后大"的原则，参照图 4.3.2-1 的布线将检测好的元器件焊接到印制线路板上，先安装电阻 R_1～R_4、集成电路插座、二极管

VD_1 和 VD_2，再安装电容器 $C_1 \sim C_4$，最后安装电位器 R_P。

（2）电路装配工艺要求。

电路装配工艺要求如任务一所述。

4．电路调试

（1）电路调试步骤。

先测试集成运算放大器的静态工作电压，再调整、观测电路振荡输出信号波形及其特性参数。

（2）电路调试方法。

1）通电前检查：电路安装完毕后，对照电路原理图和连线图认真检查器件参数选择是否和原理图一致，电容器、二极管的极性是否正确，焊点有无虚焊、假焊。

2）通电观察：接通电路工作电源，观察电路有无异常现象，包括有无冒烟、是否闻到异常气味、手摸元件是否发烫等。如果出现异常，应立即关闭电源，待排除故障后方可重新通电。

3）检查电路无误后，接入直流稳压电源，调整电源输出电压至电路所要求的电压值；测量运放各引脚的直流电位（断开正反馈电路），填入表 4-2 中，并与理论值进行比较、分析，若测量值和理论值出入不大即可进行下一步。

表 4-2　运算放大器各引脚对地电位

引脚编号	U_1	U_2	U_3	U_4	U_5	U_6	U_7	U_8
理论值								
测量值								

4）示波器观察输出波形。调整 R_P 使电路输出幅值最大且失真最小的正弦波，观察输出信号波形和最大不失真电压幅度 U_{om}，并记录结果在表 4-3 中。调节电位器 R_P 时注意观察其对输出波形的影响。

表 4-3　电路调试数据记录表

电路输出波形及最大不失真幅度		电路输出信号的频率及周期		二极管 VD_1、VD_2 的稳幅作用		R_2 对改善波形失真的作用	
波形	幅度（V）	频率（Hz）	周期（s）	能	不能	有	无

5）频率的测量。用示波器测量输出电路的信号频率，将其值记录在表 4-3 中。

6）观察二极管的稳幅作用。断开其中一个二极管，观察输出电压的波形能/不能稳定且失真/不失真。断开 R_2，观察 R_2 对改善失真有/无作用，将结果记录在表 4-3 中。

根据输出电压的频率和幅值检验电路是否满足设计要求。若不满足，需要调整设计参数，直至达到设计要求为止。

5．故障分析与排除

由于本电路结构简单，所以发生故障的概率不大，常见故障有如下几种：

（1）无波形输出。

无输出波形，说明 RC 串并联振荡器没有起振，可能是选频、正反馈网络断开或集成运放损坏。

可先断开选频、正反馈网络，在运放的同相输入端输入频率 1kHz 的标准正弦波信号，若输出端有正弦波输出，说明选频、正反馈网络电路故障；若输出端无正弦波输出，说明集成运放损坏，需要更换。

（2）输出波形失真。

输出波形失真，最可能的原因是电位器 R_P 的阻值没有调节好或电位器损坏，致使阻值不能调节。

可先调节电位器 R_P，看正弦波的失真是否有变化。若调节过程中波形根本不变化，说明电位器损坏，需要更换。

（3）输出波形不稳定且失真。

输出波形不稳定且失真，可能原因是限幅二极管 VD_1 和 VD_2 开路。可用万用表测量二极管 VD_1 和 VD_2 的正、反向电阻，若正、反向电阻都很大，表明二极管内部已经断路，二极管损坏，这时需要更换二极管。

三、任务评价

本任务的考评点及所占分值、考评方式、考评标准及本任务在课程考核成绩中的比例如表 4-4 所示。

表 4-4　正弦波振荡器的制作评价表

序号	考评点	分值	考核方式	评价标准			成绩比例（%）
				优	良	及格	
一	任务分析	20	教师评价（50%）+互评（50%）	通过资讯，能熟练掌握正弦波振荡电路的组成、工作原理，掌握电路元器件的功能，能分析、计算电路参数指标	通过资讯，能掌握正弦波振荡电路的组成、工作原理，掌握电路元器件的功能，了解电路参数指标	通过资讯，能分析正弦波振荡电路的组成、工作原理，了解电路元器件的功能	15
二	任务准备	20	教师评价（50%）+互评（50%）	能正确使用仪器仪表识别、检测二极管、电解电容器、电阻器、集成电路等元器件，制定详细的安装制作流程与测试步骤	能正确使用仪器仪表识别、检测二极管、电解电容器、电阻器、集成电路等元器件，制定基本的安装制作流程与测试步骤	能正确识别、检测二极管、电解电容器、电阻器、集成电路等元器件，制定大致的安装制作流程与测试步骤	

序号	考评点	分值	考核方式	评价标准			成绩比例（%）
				优	良	及格	
三	任务实施	25	教师评价（40%）+互评（60%）	元器件成形尺寸准确，器件安装布局美观，焊接质量可靠，焊点规范、一致性好，能用万用表、示波器测量、观看关键点的数据和波形，能准确迅速地排除电路的故障，电路调试一次成功	元器件成形尺寸准确，器件安装布局美观，焊接质量可靠，焊点规范、一致性好，能用万用表、示波器测量、观看关键点的数据和波形，能准确排除电路的故障，电路调试一次成功	元器件成形尺寸有一定误差，器件安装布局美观，焊接质量可靠，焊点较规范，能用万用表、示波器测量、观看关键点的数据和波形，能排除电路的故障，电路经过调试后能成功	
四	任务总结	15	教师评价（100%）	有完整、详细的正弦波振荡器电路的任务分析、实施、总结过程记录，并能提出电路改进的建议	有完整的正弦波振荡器电路的任务分析、实施、总结过程记录，并能提出电路改进的建议	有完整的正弦波振荡器电路的任务分析、实施、总结过程记录	
五	职业素养	20	教师评价（30%）+自评（20%）+互评（50%）	工作积极主动、仔细认真；遵守工作纪律，服从工作安排；遵守安全操作规程，爱惜器材与测量仪器仪表，节约焊接材料，不乱扔垃圾，工作台和环境卫生清洁	工作积极主动；遵守工作纪律，服从工作安排；遵守安全操作规程，爱惜器材与测量仪器仪表，节约焊接材料，不乱扔垃圾，工作台和环境卫生清洁	遵守工作纪律，服从工作安排；遵守安全操作规程，爱惜器材与测量仪器仪表，节约焊接材料，不乱扔垃圾，工作台卫生清洁	

四、知识总结

（1）正弦波振荡电路由放大器、选频网络、反馈电路、稳幅环节四部分组成。

（2）要使振荡器产生振荡，既要使电路满足幅度平衡条件，又要满足相位平衡条件。

相位平衡条件：$\varphi_a + \varphi_f = 2n\pi$（$n = 0, 1, 2, \cdots$），利用相位条件可以确定振荡信号的频率。

振幅平衡条件：$|\dot{A}_u \dot{F}_u| = 1$，利用振幅平衡条件可以确定振荡输出信号幅度。

振幅起振条件：$|\dot{A}_u \dot{F}_u| > 1$；相位起振条件：$\varphi_a + \varphi_f = 2n\pi$（$n = 0, 1, 2, \cdots$）。

电路起振时，电路处于小信号工作状态；处于振荡平衡状态时，电路处于大信号工作状态。为了满足振荡的起振条件并实现稳幅、改善输出波形，要求振荡电路的环路增益应随振荡输出幅度而变，当输出幅度增大时，环路增益应减小，反之，增益应增大。

（3）RC 桥式振荡电路，一般用于产生 1Hz～1MHz 的低频信号，电路由 RC 选频网络和放大器两大部分组成。

RC 桥式振荡电路的振荡频率：$f_0 = 1/2\pi RC$，常用在频带较宽且连续可调的场合。

RC 移相振荡电路的振荡频率：$f_0 = \dfrac{1}{2\pi RC\sqrt{6}}$，振幅起振条件为 $|\dot{A}_u| > 29$，其频率范围为几赫到几十千赫，一般用于频率固定且稳定性要求不高的场合。

【知识拓展】

一、LC 振荡电路

采用 LC 并联谐振回路作为选频网络的振荡电路称为 LC 振荡电路，主要用来产生 1MHz 以上的高频正弦振荡信号。根据反馈形式的不同，LC 振荡电路可分为变压器反馈式振荡电路、电感三点式振荡电路、电容三点式振荡电路。

1. LC 并联谐振回路

LC 并联谐振回路如图 4.4.1-1（a）所示。图中 R 表示线圈 L 的等效损耗电阻，电容的损耗很小可略去不计。一般情况下 $\omega L \gg R$，线圈电阻忽略不计，只计算感抗 ωL。

在电工课程中已经学过，当 LC 电路中输入信号的频率使回路感抗等于容抗时，电路发生并联谐振，其并联谐振频率为：

$$\omega_0 = \frac{1}{\sqrt{LC}} \tag{4.4-1}$$

并联谐振回路的幅频特性和相频特性曲线如图 4.4.1-1 所示。

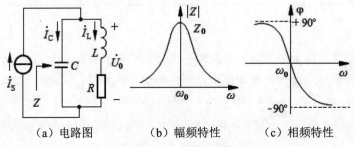

（a）电路图　　　　（b）幅频特性　　　　（c）相频特性

图 4.4.1-1　LC 并联谐振回路

由 LC 并联谐振特性曲线可以看出，当信号频率 $\omega = \omega_0$ 时，$Z = Z_0$，$\varphi = 0$。Z 达到最大值，输出电压也达到最大值，电路呈纯阻性，电流和电压相位相同。

外加信号频率 $\omega \neq \omega_0$ 时，LC 并联网络的阻抗很快下降，且电流、电压的相位差不为零。显然，LC 并联电路具有良好的选频特性。

2. 变压器反馈式 LC 振荡电路

（1）电路组成。

变压器反馈式 LC 振荡电路如图 4.4.1-2 所示。

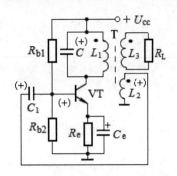

图 4.4.1-2　变压器反馈式 LC 正弦波振荡器

图中，VT、R_{b1}、R_{b2}、R_e、C_e、C_1 组成共发射极放大电路；L_1 为变压器一次侧线圈电感，L_2 为反馈线圈电感，用来构成正反馈；L_1C 组成并联谐振回路，作为放大器的负载构成了选频放大器。为了满足相位平衡条件，变压器初、次级之间的同名端必须正确连接，如图 4.4.1-2 所示。

（2）工作原理。

当电路信号频率与 L_1、C 回路谐振频率相同时，即 $f = f_0$ 时，L_1C 回路阻抗呈纯阻性，且为最大。若基极信号（+），则 VT 集电极输出信号（-），L_1 上端为（+）；由 L_1 及 L_2 同名端可知，L_2 上端（+），反馈信号与基极信号同相，保证了电路的正反馈，满足了振荡的相位平衡条件。只要变压器一、二次间有足够的耦合度，就能满足振荡的幅度条件，电路即能产生正弦波振荡。

振荡频率由 LC 并联回路的谐振频率决定，即：

$$f_0 = \frac{1}{2\pi\sqrt{LC}} \tag{4.4-2}$$

对频率 $f \neq f_0$ 的信号，L_1C 回路的阻抗不是纯阻性，而呈感性或容性，不满足振荡的相位平衡条件，不能产生振荡。

（3）电路特点。

变压器反馈式振荡器是通过互感实现耦合和反馈的，所以很容易实现阻抗匹配（负载 R_L）和达到起振要求，工作效率较高，输出电压较大，应用普遍。

通过改变线圈 L_1 可以改变振荡器输出信号的频率，改变回路电容的数值，可微调输出频率。一般在 LC 回路中采用接入可变电容器的方法来实现调频，调频范围较宽，工作频率通常在几兆赫左右。

由于反馈电压取自电感两端，它对高次谐波的阻抗大，因此在输出波形中含有较多高次谐波成分，输出的正弦波形不够理想。

3．三点式 LC 振荡电路

三点式振荡电路也是常用的 LC 振荡电路，其特点是 LC 并联谐振回路的三个端子分别与三极管的三个端子相连，故称为三点式振荡电路。

根据接法不同可分为电感三点式振荡电路和电容三点式振荡电路两种。

（1）电感三点式振荡电路。

电感三点式振荡电路又称哈特莱振荡器，其原理电路如图 4.4.1-3 所示。图中三极管 VT 构成共发射极放大电路；电感 L_1、L_2 和电容 C 构成正反馈选频网络。

谐振回路电感的三个端点 1、2、3 分别与晶体管的三个电极相连，反馈信号取自线圈 L_2 两端的电压，故称为电感三点式振荡电路，也称电感反馈式振荡电路。此种电路一般用于产生几十兆赫以下的频率。

回路谐振时，选频网络呈现纯阻性，用瞬时极性法可判断出电路产生的反馈为正反馈。

设基极瞬时极性为（+），由于放大器的倒相作用，集电极电位为（-），则电感的 3 端为负，2 端为公共端地，1 端为（+），瞬时极性如图 4.4.1-3 所示。反馈电压由 1 端引至三极管的基极，与基极极性相同，故为正反馈，满足相位平衡条件。

反馈电压取自电感 L_2 两端，加到晶体管 b、e 间，改变线圈抽头的位置即改变 L_2 的大小即可调节反馈电压的大小。当满足 $\left|\dot{A}_u\dot{F}_u\right|>1$ 的条件时，电路便可起振。

其振荡频率为：

$$f_0 \approx \frac{1}{2\pi\sqrt{(L_1+L_2+2M)C}} \tag{4.4-3}$$

式中 M 为 L_1、L_2 两部分线圈之间的互感系数。

电感三点式振荡电路的优点是容易起振，改变电容器 C 的容量可调节振荡频率，频率调节方便。由于反馈信号取自电感 L_2 两端，因此振荡电路输出信号中的高次谐波成分较多，输出信号波形较差。

（2）电容三点式振荡电路。

电容三点式振荡电路也称考毕兹振荡器，如图 4.4.1-4 所示。

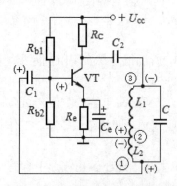

图 4.4.1-3　电感三点式 LC 振荡电路

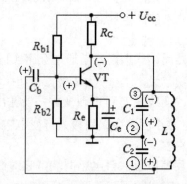

图 4.4.1-4　电容三点式 LC 振荡电路

放大电路采用分压式偏置的共发射极电路；电容 C_1、C_2 和电感 L 构成选频电路和反馈电路。电容 C_1、C_2 的三个端点分别接到三极管的三个电极上，反馈信号取自电容 C_2 两端，故称为电容三点式振荡电路。

根据瞬时极性，不难判断在谐振频率上反馈信号与输入信号同相，满足振荡的相位平衡条件。

反馈电压取自 C_2 两端，所以适当选择 C_2 的数值使放大器有足够的放大倍数，电路便可起振。

电路的振荡频率为：

$$f_0 = \frac{1}{2\pi\sqrt{LC}} = \frac{1}{2\pi\sqrt{L\dfrac{C_1 C_2}{C_1 + C_2}}} \tag{4.4-4}$$

由于反馈信号取自电容 C_2 两端，反馈信号中高次谐波分量小，故振荡电路输出信号波形较好，振荡频率高，可达 100MHz 以上。

因 C_1、C_2 的大小既与振荡频率有关，又与反馈量有关，改变 C_1（或 C_2）调整频率会影响反馈系数，造成电路工作不稳定，甚至停振。这种振荡电路的振荡频率调节不方便。

为提高频率稳定度和方便调节频率，可在电感支路中串接一个小容量电容 C_3，这就构成了改进型电容三点式振荡电路，也叫克拉泼振荡器，如图 4.4.1-5 所示。

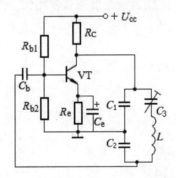

图 4.4.1-5　改进型电容三点式 LC 振荡电路

谐振回路的总电容为：
$$C = \frac{1}{\dfrac{1}{C_1} + \dfrac{1}{C_2} + \dfrac{1}{C_3}} \tag{4.4-5}$$

当 $C_3 \ll C_1$、$C_3 \ll C_2$ 时，$C \approx C_3$。

电路的振荡频率为：

$$f = \frac{1}{2\pi\sqrt{LC}} \approx \frac{1}{2\pi\sqrt{LC_3}} \tag{4.4-6}$$

在改进型电容三点式振荡电路中，当 C_3 比 C_1、C_2 小得多时，振荡频率仅由 C_3 和 L 决定，与 C_1、C_2 基本无关。

C_1、C_2 仅用于构成正反馈，其容量可以取得较大，从而可减小晶体管输入、输出电容的影响，提高频率的稳定度，振荡频率会更高。电视接收机中的高频振荡器就是采用此种电路。

二、石英晶体振荡电路

RC 振荡电路振荡频率稳定度较差，LC 振荡电路频率稳定度比 RC 振荡电路好，但只能达到 10^{-3} 数量级。为提高振荡电路的频率稳定度，可采用石英晶体振荡电路。石英晶体振荡电路是用石英晶体作为选频回路的振荡器，其特点是频率稳定度高，可达到 $10^{-6} \sim 10^{-8}$ 数量级，被广泛应用于频率稳定度高的设备中，例如标准信号发生器、脉冲计数器和计算机中的时钟信号发生器等。

1．石英晶体的压电效应

天然石英是六棱形结晶体，其化学成分是 SiO_2，其物理和化学性能都非常稳定。在石英晶片的两个对应表面涂敷银层作为电极并引出接线，当对晶片施加交流电压时，石英晶片会产生机械振动；反之，若对晶片施加周期性机械力使它发生振动，则在晶片两极会出现相应的交变电压。这种现象称为石英晶体的压电效应。

2．石英晶体的压电谐振

当加在石英晶片两极间交变电压的频率与晶体固有频率（与外形尺寸及切割方式有关）相等时，其振幅将急剧增大，即产生共振，这就是石英晶体的压电谐振。产生谐振的频率称为石英晶体的谐振频率。这与 LC 回路的谐振现象非常相似，因此可以把石英晶片等效为一个 LC 谐振电路。

3．石英晶体的等效电路

图 4.4.2-1 所示为石英谐振器的结构、等效电路和符号。

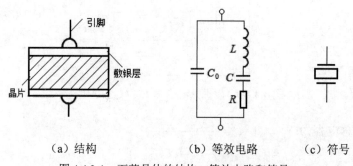

（a）结构　　　　　（b）等效电路　　（c）符号

图 4.4.2-1　石英晶体的结构、等效电路和符号

C_0 是晶片两金属极板间的电容，称为极板电容，晶体不振动时，相当于一只平板电容器的静电容。它与晶体的几何尺寸和电极面积有关，C_0 一般约几皮法到几十皮法；L 是石英晶体振动时的振动惯性，用电感 L 等效；C 相当于晶片的弹性，用电容等效，C 很小；R 是晶片振动时因摩擦而造成的损耗，阻值约为 100Ω，石英晶振回路的品质因数 Q 很高（ $Q = \dfrac{1}{R}\sqrt{\dfrac{L}{C}}$ ）。因石英晶体 L、C、R 等参数基本不随温度变化，所以它的频率稳定度很高。

4．石英谐振器的频率特性

图 4.4.2-2 所示为石英晶体电抗频率特性，它有两个振荡频率：一个是 L、C、R 支路发生串联谐振的频率，其谐振频率为：

$$f_S = \frac{1}{2\pi\sqrt{LC}} \tag{4.4-7}$$

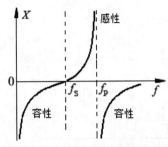

图 4.4.2-2　石英晶体电抗频率特性

另一个是当频率高于 f_S 时，L、C、R 支路呈感性，与电容 C_0 发生并联谐振，其并联谐振频率为：

$$f_P = \frac{1}{2\pi\sqrt{L\dfrac{CC_0}{C + C_0}}} = f_S\sqrt{1 + \frac{C}{C_0}} \tag{4.4-8}$$

由于 C_0 远大于 C，所以 f_S 和 f_P 非常接近，因此石英振荡器的频率稳定性非常好。

5．石英晶体振荡器

用石英晶体构成的正弦波振荡电路有两类：一类是石英晶体作为一个高 Q 值的电感元件，和回路中的其他元件形成并联谐振，称为并联型晶体振荡电路；另一类是石英晶体作为一个反馈元件，工作在串联谐振状态，称为串联型晶体振荡电路。

图 4.4.2-3 所示为并联型晶体振荡电路原理图。石英晶体工作在 f_S 和 f_P 之间并接近于并联谐振状态，在电路中起电感作用，从而构成改进型电容三点式 LC 振荡电路。由于 $C_3 \ll C_1$、$C_3 \ll C_2$，所以振荡频率由石英晶体与 C_3 决定。

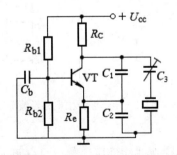

图 4.4.2-3　并联型晶体振荡电路

图 4.4.2-4 所示为串联型晶体振荡电路原理图。石英晶体接在三极管 VT_1 和 VT_2 的发射极之间，和 R_P 组成一个正反馈电路。当信号频率等于晶体谐振频率 f_S 时，石英晶体呈现的阻抗最小且为纯阻性，这时正反馈作用最强，电路满足自激振荡的条件。对于偏移 f_S 的其他信号，石英晶体的阻抗增大，且不是纯阻性，不满足自激振荡的条件。图中的 R_P 可用来调节反馈量的大小。

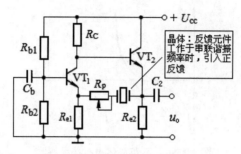

图 4.4.2-4　串联型晶体振荡电路

三、非正弦波信号产生电路

非正弦波信号产生电路是指产生方波、三角波、锯齿波等波形的振荡器。

1．矩形波产生电路

图 4.4.3-1 所示是一种矩形波电压发生器电路，也称为方波振荡器。它是在迟滞比较器的基础上增加一条 RC 充放电负反馈支路构成的。双向稳压管 V 使输出电压幅度限制在其稳压值 $\pm U_Z$ 之内；R_1 和 R_2 组成正反馈电路；R_f 和 C 组成负反馈电路；R_3 为限流电阻；R_4 和 R_5 是为了改善运放的性能而接入的电阻。

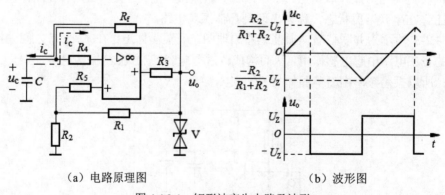

（a）电路原理图　　　　　　（b）波形图

图 4.4.3-1　矩形波产生电路及波形

（1）工作原理。

在图 4.4.3-1 中，集成运放工作在非线性区，输出只有两个值：$+U_Z$ 和 $-U_Z$。

设刚接通电源时，电容 C 上的电压为零，输出为正饱和电压 $+U_Z$。

同相端的电压为：
$$U_{T+} = u_{R2} = \frac{R_2}{R_1 + R_2} U_Z$$

电容 C 在输出电压 $+U_Z$ 的作用下开始按指数规律充电，充电电流 i_C 如图中的实线所示。当充电电压 u_C 升至 $u_{R2} = \frac{R_2}{R_1 + R_2} U_Z$ 时，由于运放输入端 $u_- > u_+$，于是电路翻转，输出电压 u_o 由 $+U_Z$ 翻转至 $-U_Z$，同相输入端电压变为：
$$U_{T+} = u_{R2} = -\frac{R_2}{R_1 + R_2} U_Z$$

因 u_o 变为负值，电容 C 将通过 R_f 开始放电，u_C 按指数规律下降，放电电流 i_C 如图中虚线所示。当电容电压 u_C 降至略低于 $u_{R2} = -\frac{R_2}{R_1 + R_2} U_Z$ 时，由于 $u_- < u_+$，于是输出电压又翻转到 $u_o = +U_Z$。

如此周而复始，在集成运放的输出端得到如图 4.4.3-1（b）所示的矩形波电压波形，而电容器两端产生的是三角波电压波形。

（2）振荡频率及其调节。

矩形波电压的周期 T 取决于充放电的 RC 时间常数，可以证明其周期和频率分别为：

$$\left. \begin{aligned} T &= 2R_f C \ln\left(1 + \frac{2R_2}{R_1}\right) \\ f &= \frac{1}{T} \end{aligned} \right\} \tag{4.4-9}$$

改变 R_f 和 C 值就可以调节矩形波的频率。

2．三角波产生电路

三角波发生器电路如图 4.4.3-2 所示。它是由迟滞比较器 A_1 和反相积分器 A_2 构成的，比较器产生方波，积分器产生三角波。

（1）工作原理。

电路工作稳定后，由叠加原理求出 A_1 同相端的输入电压为：

$$u_+ = \frac{R_2}{R_2 + R_f} u_{o1} + \frac{R_f}{R_2 + R_f} u_o \tag{4.4-10}$$

u_+ 既受比较器输出电压 u_{o1} 的影响，又受积分器输出电压 u_o 的影响。当 $u_{o1} = U_Z$ 时，积分器的输入电压为正值，其输出电压 u_o 随时间线性下降，同时使 u_+ 亦下降。

当 u_+ 由正值过零变负时，比较器 A_1 翻转，其输出电压 u_{o1} 由 $+U_Z$ 迅速跃变为 $-U_Z$，此时积分器的输出电压也降至最低点。

此后，由于积分器的输入电压为负值（$-U_Z$），其输出电压 u_o 随时间线性上升，同时使 u_+

亦上升。当u_+由负值过零变正时，比较器 A_1 翻转，其输出电压u_{o1}由$-U_Z$迅速跃变为$+U_Z$，此时积分器的输出电压也升至最高点。

由于比较器的参考电压$u_-=0$，要使u_{o1}从$+U_Z$变为$-U_Z$，必须在$u_+=0$时三角波的幅值为$-\dfrac{R_2}{R_f}U_Z$，即当u_o下降到$-\dfrac{R_2}{R_f}U_Z$时u_{o1}才能从$+U_Z$变为$-U_Z$。

同理，要使u_{o1}从$-U_Z$变为$+U_Z$，也必须在$u_+=0$时使$u_o=\dfrac{R_2}{R_f}U_Z$。这样，在比较器的输出端产生矩形波，在积分器的输出端产生三角波，如图4.4.3-2（b）所示。

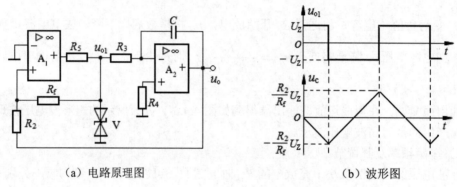

（a）电路原理图　　　　　　　　　（b）波形图

图 4.4.3-2　三角波产生电路及波形

（2）振荡频率及其调节。

可以证明，三角波的周期为：

$$T = \frac{4R_2}{R_f}R_3C \qquad\qquad (4.4\text{-}11)$$

改变R_2与R_f的比值或R_3C充放电时间常数可以改变输出电压的周期或频率。此外，改变积分电路的输入电压值（即被积电压）也可以改变输出三角波的频率。

图4.4.3-3所示为频率可调的三角波产生电路。调节电位器R_P减小被积电压，则积分电路输出电压u_o反馈到比较器同相端输入电压使u_+变为零的时间增加，三角波频率降低。

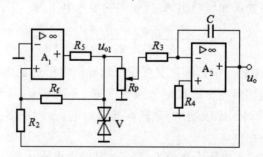

图 4.4.3-3　频率可调的三角波发生器

3．锯齿波发生器

锯齿波发生器的工作原理与三角波发生电路基本相同，区别只是在集成运放 A_2 的反相输入电阻上并联由二极管 VD 和电阻 R_5 组成的支路，如图 4.4.3-4 所示。

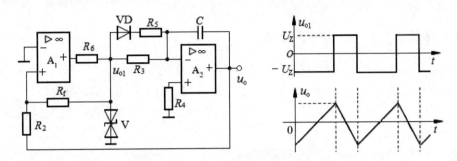

图 4.4.3-4　锯齿波发生器电路及工作波形

图中 $R_5 << R_3$，这样积分器的正向积分和反向积分时的速度明显不同，当 u_{o1} 为 $-U_Z$ 时，二极管 VD 反偏截止，正向积分的时间常数为 R_3C，电容被充电，u_o 线性上升，形成锯齿波正程。

当 u_{o1} 为 U_Z 时，二极管 VD 导通，负向积分常数为 $(R_5 // R_3)C$，因为 $R_5 << R_3$，故电容迅速放电，使 u_o 急剧下降，形成锯齿波的回程。锯齿波波形如图 4.4.3-4（b）所示。

【任务训练】

一、填空题

1．正弦波振荡电路由_____、_____、_____和_____四部分组成。

2．要使正弦波振荡器产生振荡，既要使电路满足_____起振条件，又要满足_____平衡条件。

3．在串联型石英晶体振荡电路中，晶体等效为_____；而在并联型石英晶体振荡电路中，晶体等效为_____。

二、判断题

1．正弦波振荡器的振荡频率 f_0 取决于电路的放大倍数。　　　　　　　　　　（　　）

2．只要电路引入了正反馈，就一定会产生正弦波振荡。　　　　　　　　　　（　　）

3．正弦波振荡器的振幅起振条件为：$\left| \dot{A_u}\dot{F_u} \right| = 1$；维持振荡的振幅条件为：$\left| \dot{A_u}\dot{F_u} \right| > 1$；相位起振条件为：$\varphi_a + \varphi_f = 2n\pi$（$n = 0, 1, 2, \cdots$）。　　　　　　（　　）

4．振荡器与放大器的主要区别之一是：放大器的输出信号与输入信号频率相同，而振荡器一般不需要输入信号。   （   ）

　　5．LC 并联网络在谐振时呈电阻性，在信号频率大于谐振频率时呈电容性。   （   ）

　　6．当信号频率在石英晶体的串联谐振频率和并联谐振频率之间时石英晶体呈电阻性。
                                                                （   ）

三、选择题

　　1．RC 桥式正弦波振荡电路适宜用来产生（   ）正弦波信号。

　　　A．低频　　　　　　B．高频　　　　　C．甚高频　　　　D．都可以

　　2．根据（   ）的元器件类型不同，将正弦波振荡器分为 RC 型、LC 型和石英晶体振荡器。

　　　A．放大电路　　　　B．反馈网络　　　　C．选频网络

　　3．在 RC 型、LC 型和石英晶体三种正弦波振荡器中，频率稳定度最高的是（   ）振荡电路。

　　　A．RC 型　　　　　B．LC 型　　　　　C．石英晶体

　　4．电容三点式振荡器与电感三点式振荡器相比，输出的波形（   ）。

　　　A．较差　　　　　　B．较好　　　　　C．一样

　　5．电路如练习题 1 图所示，设运放是理想器件，$C = 0.01\mu F$，$R_1 = R = 100k\Omega$，为使该电路能产生正弦波，则要求（   ）。

　　　A．$R_2 = 10k\Omega + 4.7k\Omega$　　　　　　　B．$R_2 = 100k\Omega + 4.7k\Omega$

　　　C．$R_2 = 18k\Omega + 4.7k\Omega$

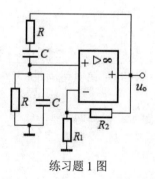

练习题 1 图

四、分析与计算题

　　1．判断练习题 2 图所示的电路是否可能产生正弦波振荡并简述理由。设题图中 C_4 的容量远大于其他三个电容的容量。

　　2．试用相位平衡条件判断练习题 3 图所示的电路能否产生正弦波振荡并说明理由。若能振荡，求出振荡频率的大小。

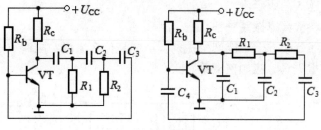

练习题 2 图

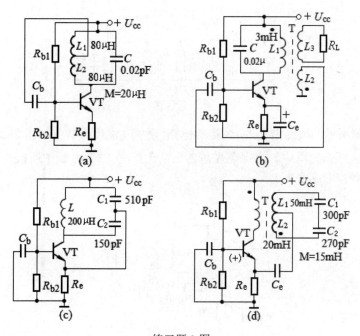

练习题 3 图

3．说明练习题 4 图所示实用 RC 桥式振荡电路的工作原理并求出振荡频率，说明二极管 VD_1 和 VD_2 的作用。

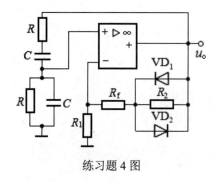

练习题 4 图

4．电路如练习题 5 图所示。

（1）根据给定参数计算振荡频率。

（2）若电路接线无误，但不能产生振荡，可能是什么原因？应调节电路中的哪个参数？

（3）若波形严重失真，应如何调整？

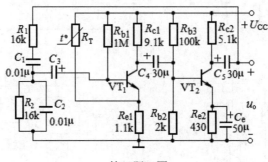

练习题 5 图

5．练习题 6 图所示的电路是 RC 桥式振荡电路，现有负温度系数热敏电阻 R_t 的阻值为 4kΩ，试问将该电阻接入哪个方框中？为保证振荡器正常工作，另一个方框中所接电阻的阻值应为多少？该电路振荡频率是多少？

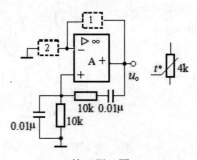

练习题 6 图

6．有一 RC 振荡电路，它的频率调节范围是 $10\sim100\text{kHz}$，振荡回路的电感 $L=50\mu\text{H}$，试求电容的变化范围。

5

便携式喊话器电路分析与制作

【任务描述】

学校举办运动会时，裁判老师使用喊话器将声音信号进行放大。将输入信号放大并向负载提供足够大功率的放大器叫功率放大器。

本任务通过喊话器电路的分析与制作，掌握功率放大器的组成、工作原理及电路的安装与调试方法。

一、任务目标

1. 知识目标

（1）了解功率放大电路的特点、交越失真形成的原因及消除方法。

（2）理解 OCL、OTL 功率放大电路的组成和原理。

（3）掌握基本功放电路性能参数的计算。

（4）熟悉 TDA2030A 音频集成功率放大器的应用。

2. 技能目标

（1）能够查阅功率三极管、集成功率放大器件的相关资料。

（2）能够正确选择功放管、集成功放电路的性能参数。

（3）能够安装、调试功率放大电路。

二、任务学习情境

便携式喊话器电路的分析与制作

名称	便携式喊话器电路的分析与制作
内容	根据给定电路的结构与参数制作一个喊话器功率放大电路
要求	1. 熟悉电路各元件的作用 2. 根据电路参数进行元器件的检测 3. 进行电路元件的安装与调试 4. 撰写电路制作报告

【相关知识】

一、概述

1. 功率放大电路的特点

功率放大电路在多级放大电路中处于最后一级，又称输出级。其任务是输出足够大的功率去驱动负载，如扬声器、伺服电动机、指示仪表等。从能量控制的观点来看，功率放大电路与电压放大电路没有本质的区别，但由于功率放大电路的任务是输出功率，通常在大信号状态下工作，所以功率放大电路与电压放大电路相比又有如下一些新的特点：

（1）输出功率大。

为获得大的功率输出，功放管的输出电压和电流的幅度足够大，往往在接近极限状态下工作。

（2）效率高。

由于输出功率大，直流电源消耗功率也大，要求电路具有较高的效率。所谓效率是指负载得到的有用信号功率与电源供给的直流功率的比值。

（3）非线性失真。

功率放大电路在大信号下工作，通常工作在饱和区与截止区的边沿，所以输出信号具有一定的非线性失真。

（4）三极管的散热。

功率放大器在输出功率的同时，三极管消耗的能量亦较大。三极管要求加散热器，以提高管子承受管耗的能力。

（5）性能指标。

性能指标分析以功率为主，主要计算输出功率、管子消耗功率、电源供给的功率和效率。

此外，在分析方法上，由于三极管在大信号状态下工作，通常采用图解法。

2．功率放大电路的分类

根据功率放大电路中三极管静态工作点设置的不同，可分为甲类、乙类和甲乙类三种。

甲类功率放大器的工作点设置在放大区的中间，如图5.2.1-1所示。

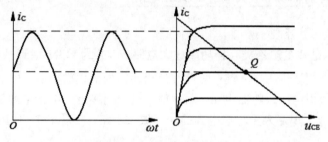

图5.2.1-1　甲类功率放大

这类电路的优点是在输入信号的整个周期内三极管都处于导通状态，输出信号失真较小（前面讨论的电压放大器都工作在这种状态）；缺点是在没有输入信号时，三极管有较大的静态电流 I_C，管耗 P_C 大，电路能量转换效率低。

乙类放大器的工作点设置在截止区，如图5.2.1-2所示。

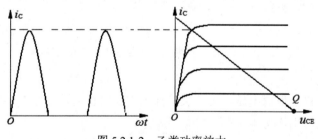

图5.2.1-2　乙类功率放大

三极管静态电流 $I_C = 0$，所以能量转换效率高；缺点是只能对半个周期的输入信号进行放大，非线性失真大。

甲乙类放大电路的工作点设置在放大区但接近截止区，如图 5.2.1-3 所示。

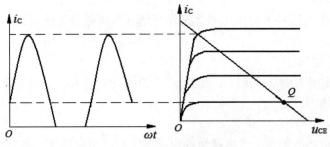

图 5.2.1-3　甲乙类功率放大

静态时三极管处于微导通状态，可有效克服乙类放大电路的失真问题，且能量转换效率较高，目前使用较广泛。

二、乙类双电源互补对称功率放大电路（OCL 电路）

1. 电路组成及工作原理

图 5.2.2-1 所示是双电源乙类互补功率放大电路。VT_1 为 NPN 型管，VT_2 为 PNP 型管，两管参数对称、基极相连作为输入端；两管射极相连作为负载输出端；每个管子组成共集电极组态放大电路，即射极电压跟随器电路。两管集电极分别接上一组正电源和一组负电源，无输出电容，所以称该放大电路为无输出电容的功率放大电路，简称 OCL 电路。

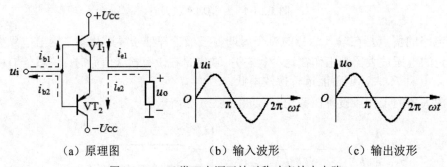

（a）原理图　　　（b）输入波形　　　（c）输出波形

图 5.2.2-1　乙类双电源互补对称功率放大电路

（1）静态分析。

静态时，由于电路无偏置电压，两三极管都工作在截止区，此时 I_B、I_C、I_E 均为零，负载上无电流通过，输出电压 $u_o = 0$。

（2）动态分析。

设输入信号为正弦电压 u_i，如图 5.2.2-1（b）所示。

输入信号正半周，$u_i > 0$，三极管 VT_1 导通，VT_2 截止。VT_1 管的射极电流 i_{e1} 经 $+U_{CC}$ 自上

而下流过负载，在 R_L 上形成正半周输出电压，$u_o \approx u_i$。

输入信号负半周，$u_i < 0$，三极管 VT_2 导通，VT_1 截止，VT_2 管的射极电流 i_{e2} 经 $-U_{CC}$ 自下而上流过负载，在负载 R_L 上形成负半周输出电压，$u_o \approx u_i$。

这样在负载 R_L 上获得了完整的正弦波信号电压，如图 5.2.2-1（c）所示。输出电压 u_o 虽未被放大，但由于 $i_o = i_e = (1+\beta)i_b$，电路具有电流放大作用，因此能实现功率放大。这种电路结构对称，且两管在信号的正负半周轮流导通，故称为互补对称电路。

互补对称功放电路，i_C 的最大变化范围为 $2I_{cm}$，u_{CE} 的变化范围为 $2(U_{CC} - U_{CES}) = 2U_{cem} = 2I_{cm}R_L$，如果忽略管子的饱和压降 U_{CES}，则 $U_{cem} = I_{cm}R_L \approx U_{CC}$。

2．乙类双电源互补功率放大电路功率参数的计算

（1）输出功率 P_o。

输出功率是负载 R_L 上的电流和电压有效值的乘积，即：

$$P_o = I_o U_o = \frac{I_{om}}{\sqrt{2}} \cdot \frac{U_{om}}{\sqrt{2}} = \frac{1}{2}\frac{U_{om}^2}{R_L} \tag{5.2-1}$$

当信号足够大时，$U_{om} = U_{cem} = U_{CC} - U_{CES}$，所以最大不失真输出功率：

$$P_{o(\max)} = \frac{1}{2}\frac{U_{cem}^2}{R_L} = \frac{1}{2}\frac{(U_{CC} - U_{CES})^2}{R_L} \approx \frac{1}{2}\frac{U_{CC}^2}{R_L} \tag{5.2-2}$$

式中，U_{CES} 为功率管的管压降。

（2）直流电源供给的功率 P_{DC}。

直流电源供给的功率是电源供给的电流平均值 I_{CAV} 与电源电压 U_{CC} 的乘积。对于最大电流为 I_{cm} 的正弦半波电流，其直流平均电流 $I_{CAV} = \frac{1}{\pi}I_{cm}$，所以电源 U_{CC} 提供的功率：

$$P_{DC1} = \frac{1}{\pi}I_{cm}U_{CC} = \frac{1}{\pi}\frac{U_{om}}{R_L}U_{CC} \tag{5.2-3}$$

考虑到正、负两组电源供电，所以电路电源供给的总功率：

$$P_{DC} = \frac{2}{\pi}\frac{U_{om}}{R_L}U_{CC} \tag{5.2-4}$$

当输出功率最大时，$U_{om} = U_{cem} \approx U_{CC}$，所以：

$$P_{DC(\max)} = \frac{2}{\pi}\frac{U_{CC}^2}{R_L} \tag{5.2-5}$$

（3）管耗 P_C。

电源供给功率的一部分转化为功率输出，其余部分消耗在功率管上变为热量，利用式（5.2-1）和式（5.2-4）可得：

$$P_{C1} = P_{C2} = \frac{1}{2}(P_{DC} - P_o) = \frac{1}{2}\left(\frac{2}{\pi}\frac{U_{om}}{R_L}U_{CC} - \frac{1}{2}\frac{U_{om}^2}{R_L}\right) = \frac{1}{\pi}\frac{U_{om}}{R_L}U_{CC} - \frac{1}{4}\frac{U_{om}^2}{R_L} \tag{5.2-6}$$

显然，当 $U_{om}=0$ 即无信号时，管子的损耗为零。当输出电压 $U_{om} \approx U_{CC}$ 时，由式（5.2-6）可求出乙类互补对称电路每个管子的管耗为：

$$P_{C1} = \frac{U_{CC}^2}{R_L}\frac{4-\pi}{\pi} \approx 0.137P_{om} \tag{5.2-7}$$

可用求极值的方法求出最大管耗。对式（5.2-6）求导，并令其为零：

$$\frac{dP_{C1}}{dU_{om}} = \frac{1}{R_L}\left(\frac{U_{CC}}{\pi}-\frac{U_{om}}{2}\right)=0$$

得：

$$U_{om} = \frac{2}{\pi}U_{CC} \tag{5.2-8}$$

说明当 $U_{om}=\frac{2}{\pi}U_{CC}\approx 0.6U_{CC}$ 时管耗最大，代入式（5.2-6）得到每只管子的最大功耗值为：

$$P_{C1(max)} = \frac{1}{\pi^2}\frac{U_{CC}^2}{R_L} \approx 0.2P_{o\,(max)}$$

（4）效率 η。

效率是指输出功率与电源供给的功率之比，即：

$$\eta = \frac{P_o}{P_{DC}} = \frac{\pi}{4}\frac{U_{om}}{U_{CC}} \tag{5.2-9}$$

当 $U_{om}=U_{CC}$ 时：

$$\eta = \frac{\pi}{4} = 78.5\% \tag{5.2-10}$$

（5）功率管的选择条件。

功率管的极限参数 P_{CM}、I_{CM}、$U_{(BR)CEO}$ 应满足下列条件：

1）功率管最大允许功耗：

$$P_{CM} \geqslant P_{C1(max)} = 0.2P_{o\,(max)} \tag{5.2-11}$$

2）功率管的最大耐压：

$$U_{(BR)CEO} \geqslant 2U_{CC} \tag{5.2-12}$$

这是由于一只管子饱和导通时另一只管子承受的最高反压为 $2U_{CC}$。

3）功率管的最大集电极电流：

$$I_{CM} \geqslant \frac{U_{CC}}{R_L} \tag{5.2-13}$$

【例5.1】乙类双电源互补对称功放电路如图5.2.2-1所示。电源电压 $U_{CC}=\pm 25V$，负载电阻 $R_L=4\Omega$，请选择计算功率管的参数。

解：①最大输出功率：$P_{o\,(max)} = \frac{1}{2}\frac{U_{CC}^2}{R_L} = \frac{1}{2}\times\frac{25^2}{4} = 78.1W$

$$P_{CM} \geqslant 0.2P_{o\,(max)} = 0.2\times 78.1 = 15.6W$$

②$U_{(BR)CEO} \geqslant 2U_{CC} = 2 \times 25 = 50V$

③$I_{CM} \geqslant \dfrac{U_{CC}}{R_L} = \dfrac{25}{4} = 6.25A$

实际选择功率管时，其极限参数还应留有一定的余量，一般要提高 50%～100%。

三、甲乙类互补对称功率放大电路

1. 甲乙类双电源互补对称功率放大电路（OCL）

（1）交越失真。

在乙类互补对称功放电路中，由于静态工作点参数 I_B、I_C、U_{CE} 均为零，当输入信号 u_i 低于三极管的死区电压时，VT_1 和 VT_2 管都截止，i_{C1} 和 i_{C2} 为零，负载 R_L 上无电流和电压，使输出电压不能很好地反映输入信号的变化而产生失真。由于这种失真出现在波形正、负交越处，故称为交越失真，如图 5.2.3-1 所示。

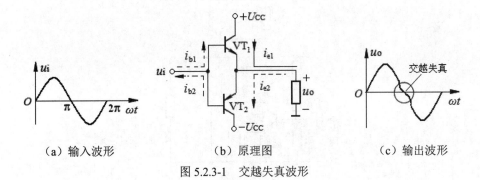

（a）输入波形　　　　（b）原理图　　　　（c）输出波形

图 5.2.3-1　交越失真波形

（2）甲乙类双电源互补对称功率放大电路。

为减少和克服交越失真，通常采用图 5.2.3-2 所示的甲乙类双电源互补对称放大电路。

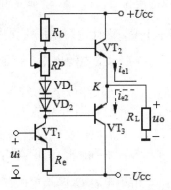

图 5.2.3-2　甲乙类双电源互补对称功放电路

静态时，由前置激励电压放大级 VT_1 的集电极静态电流流经 VD_1、VD_2、R_P 形成的压降供给 VT_2 和 VT_3 两管一定的正偏压，使两管在静态时处于微导通状态。由于电路对称，两管的静态电流相等，因而负载 R_L 上无静态电流流过，两管的发射极电压 $U_K = 0$。

当有输入信号时，输入信号在零点附近即可得到放大，u_o 和 u_i 基本呈线性关系，无交越失真发生。为提高效率，设置偏压时应尽可能接近乙类状态。

2. 甲乙类单电源互补对称功率放大电路（OTL）

（1）基本电路及工作原理。

双电源互补对称功率放大电路，由于静态输出端直流电位为零，不需要耦合电容可直接连接负载，具有低频响应好、输出功率大、便于集成等优点，但电路工作需要双电源供电，使用不够方便。

如果在两管发射极与负载之间接入一个大容量电容 C_2，可采用单电源供电，这种电路称为无输出变压器电路，简称 OTL 电路，如图 5.2.3-3 所示。

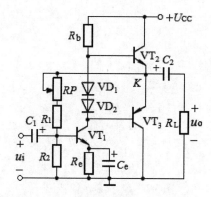

图 5.2.3-3　甲乙类单电源互补对称功放电路

图中 VT_1 组成前置放大级，VT_2 和 VT_3 组成互补对称输出电路。

静态时，通过调节 R_P 使 K 点的电位 $U_K = \frac{1}{2}U_{CC}$，此时电容 C_2 两端的电压 $U_C = \frac{1}{2}U_{CC}$。由于 C_2 容量很大，其两端电压基本不变，因此电容电压可作为 VT_3 管的工作电源。两管的集、射极之间如同分别加上了 $+\frac{1}{2}U_{CC}$ 和 $-\frac{1}{2}U_{CC}$ 的电源电压，可取消负电源。

另外，K 点的电位通过 R_1、R_2、R_P 分压后作为 VT_1 管放大电路的偏置电压。

有输入信号 u_i 时，信号电压的负半周经 VT_1 倒相放大，集电极输出电压瞬时极性为正，使 VT_2 导通，VT_3 截止。信号经 VT_2 放大后以射极输出器形式将信号经 C_2 传送给负载，同时对电容 C_2 充电，使 R_L 获得正半周信号。若输入信号足够大，在输入信号负最大值时刻 VT_2 处于饱和，K 点的电位接近于 $+U_{CC}$，由于电容 C_2 两端电压 $U_C = \frac{1}{2}U_{CC}$ 基本不变，负载获得信号电压正半周的幅值可达 $U_{\text{om(max)}} \approx \frac{1}{2} U_{CC}$。

输入信号的正半周，经 VT_1 倒相放大，VT_1 集电极电压信号为负，使 VT_2 截止，VT_3 导通。C_2 上的电压（$U_C = \frac{1}{2} U_{CC}$）作为 VT_3 管的工作电源，通过 VT_3 向 R_L 放电，只要选择时间常数 $R_L C$ 足够大（比信号周期大得多），可认为电容两端的电压 $U_C = \frac{1}{2} U_{CC}$ 基本不变。同样，若输入信号足够大，在输入信号达到正的幅值时刻，VT_3 处于饱和状态，K 点的电位接近于 0，使负载获得输出信号负半周电压的幅值为 $U_{\text{om(max)}} \approx -\frac{1}{2} U_{CC}$。

（2）功率参数的计算。

单电源互补对称功放电路的每一个功率管的实际工作电压为 $\frac{1}{2} U_{CC}$。因此在计算功率参数时，可利用双电源功放电路的计算公式（5.2-1）至（5.2-13），只需将其中的 U_{CC} 全部改为 $\frac{1}{2} U_{CC}$ 即可。

例如最大输出信号电压的幅值为：

$$U_{\text{om(max)}} \approx \frac{1}{2} U_{CC}$$

最大输出功率：

$$P_{\text{o(max)}} \approx \frac{1}{2} \frac{\left(\frac{1}{2} U_{CC}\right)^2}{R_L} = \frac{1}{8} \frac{U_{CC}^2}{R_L}$$

（3）具有自举电路的 OTL 电路。

单电源互补对称功放电路，理论上，负载可获得 $U_{\text{om(max)}} \approx \frac{1}{2} U_{CC}$ 的输出电压最大幅值，但实际上是达不到 $U_{\text{om(max)}} \approx \frac{1}{2} U_{CC}$ 的。例如在 u_i 负半周时，VT_2 导通，随着输出到负载的电流增加，VT_2 的基极电流也需要增加。但由于 K 点电位向 $+U_{CC}$ 接近时使 R_b 的压降和 U_{BE2} 电压减小，从而限制了 VT_2 基极电流的增加，因而也限制了 VT_2 输向负载的电流，使负载两端得不到足够的电压变化量，致使输出电压幅值远小于 $\frac{1}{2} U_{CC}$。

图 5.2.3-4 所示为具有自举电路的单电源甲乙类互补对称功放电路。该电路在图 5.2.2-3 所示电路的基础上增加了由 R_3、C_2 组成的自举电路。

静态时，若不考虑 R_3 上较小的压降，$u_D = U_D \approx U_{CC}$，而 $u_K = U_K = \frac{1}{2} U_{CC}$，因此电容 C_2

两端电压被充电到 $U_{C2} \approx \frac{1}{2}U_{CC}$。

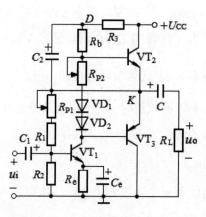

图 5.2.3-4　具有自举电路的 OTL 电路

动态时，由于 $R_3 \cdot C_2$ 时间常数足够大，电容 C_2 两端电压 U_{C2} 基本不变。输入信号 u_i 负半周，VT_2 导通，u_K 将由 $+\frac{1}{2}U_{CC}$ 向 $+U_{CC}$ 变化，D 点的电位 $u_D = U_{C2} + u_K$，显然随着 K 点的电位升高，D 点的电位也自动升高。由于 R_3 对 u_D 和电源 U_{CC} 有隔离作用，可使 $u_D > U_{CC}$。这样即使输出电压幅度升高，也有足够的电流流过 VT_2 的基极，使 VT_2 充分导通，使 $U_{om(max)}$ 接近 $\frac{1}{2}U_{CC}$。这种工作方式称为自举，意思是电路本身把 u_D 提高了。

四、复合互补对称功率放大电路

在输出功率较大时，输出管应采用中功率管或大功率管。但是，要选择两个性能相近的大功率 PNP 管和 NPN 管是很困难的，而选择特性相同的两个同型 PNP 管或两个同型 NPN 管作输出则比较容易，但难以实现两输出管交替工作。解决上述矛盾的方法通常是采用复合管。

1. 复合管

复合管是由两个或两个以上三极管按一定的方式连接而成的，又称达林顿管。图 5.2.4-1 所示是四种常见的复合管。

复合管连接原则和等效管型判断方法如下：

（1）两管相连的电极，电流前后流向一致。

（2）复合管的管型取决于前一只管的管型。

（3）复合管等效电流放大系数近似为组成各三极管 β 的乘积，其值较大。

由图 5.2.4-1 可以证明：

$$\beta = \frac{i_c}{i_b} = \frac{i_{c1} + i_{c2}}{i_{b1}} = \frac{\beta_1 i_{b1} + \beta_2 i_{b2}}{i_{b1}} = \frac{\beta_1 i_{b1} + \beta_2 (1+\beta_1) i_{b1}}{i_{b1}} = \beta_1 + \beta_2 + \beta_1\beta_2 \approx \beta_1\beta_2$$

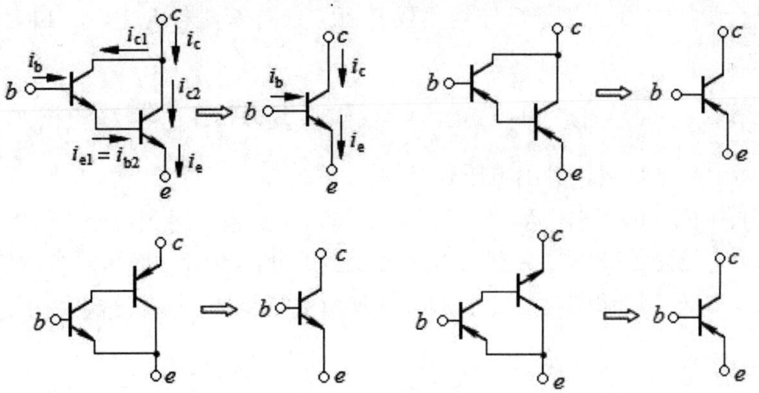

图 5.2.4-1　复合管的组成

复合管虽有电流放大倍数高的优点，但它的穿透电流较大，且高频特性变差。为减小穿透电流，常在两只晶体管之间并接一个泄放电阻 R，如图 5.2.4-2 所示。

R 的接入可将 VT_1 管的穿透电流分流，R 越小，分流作用越大，穿透电流越小。当然，R 的接入同样会使复合管的电流放大倍数下降。

2.　复合互补对称功放电路

复合管单电源复合互补对称功放电路如图 5.2.4-3 所示，其中 VT_2、VT_4 和 VT_3、VT_5 组成复合管。

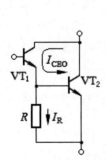

图 5.2.4-2　接有泄放电阻的复合管

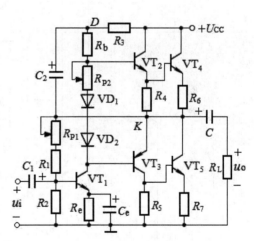

图 5.2.4-3　复合管互补对称功放电路

静态时，激励级 VT_1 的集电极电流流过 VD_1、VD_2、R_{P2} 产生偏置电压，使 $VT_2 \sim VT_5$ 处于微导通状态，且 $i_{e4} = i_{e5}$，K 点电位为 $\dfrac{1}{2}U_{CC}$。

动态时，经 VT_1 放大后的正半周信号加到 VT_2、VT_3 的基极时 VT_2 导通，VT_3 截止。信号

经 VT_2、VT_4 复合管放大后经电容 C 加到负载 R_L 上，并对 C 进行充电，i_{e4} 自上而下流过负载，输出电压正半周。

信号负半周时，VT_3 导通，VT_2 截止，VT_3、VT_5 复合管在电容 C 电压（$\frac{1}{2}U_{CC}$）作用下导通，i_{e5} 自下而上流过负载，输出电压负半周。

在输入信号的正、负半周，两复合管轮流工作，在负载上得到一个完整的电压波形。

图中，R_4、R_5 是为了减小复合管的 I_{CEO} 而设置的分流电阻，提高复合管的温度稳定性。串联在 VT_4、VT_5 发射极的电阻 R_6 和 R_7 用来获得电流负反馈，使电路更加稳定。

五、集成功率放大器

集成功率放大器具有输出功率大、外围连接元件少、使用方便等优点，使用越来越广泛。集成功放品种很多，本节以 TDA2030A 音频功率放大器为例加以介绍。

1. TDA2030A 音频集成功率放大器简介

TDA2030A 是目前使用较为广泛的一种集成功率放大器，与其他功放相比，它的引脚和外部元件都较少，其内部电路框图如图 5.2.5-1 所示。

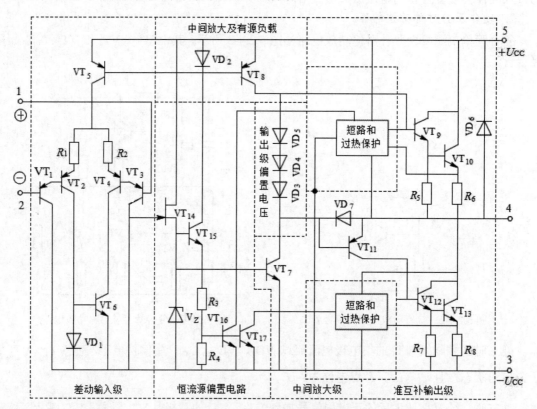

图 5.2.5-1　TDA2030A 内部电路框图

TDA2030A 的电气性能稳定，在内部集成了过载和过热切断保护电路，能适应长时间连续工作。由于其金属外壳与负电源引脚相连，因而在单电源使用时金属外壳可直接固定在散热片上并与地线（金属机箱）相接，无需绝缘，使用很方便。

TDA2030A 广泛使用于收录机和有源音箱中，作音频功率放大器，也可在其他电子设备中作为功率放大器，因其内部采用直接耦合，故也可作直流放大。

主要性能参数如下：

电源电压 U_{CC}：$\pm 3 \sim \pm 18V$

输出峰值电流：3.5A

输入电阻：>0.5MΩ

静态电流：<60mA（测试条件：$U_{CC} = \pm 18V$）

电压增益：30dB

频响 BW：$0 \sim 140$ kHz

在电源为 $\pm 15V$、$R_L = 4\Omega$ 时，输出功率为 14W。

外引脚的排列如图 5.2.5-2 所示。

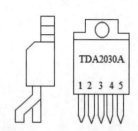

图 5.2.5-2 TDA2030A 的引脚排列

2. TDA2030A 集成功放的典型应用

（1）双电源（OCL）应用电路。

图 5.2.5-3 所示电路为双电源 TDA2030A 的典型应用电路。

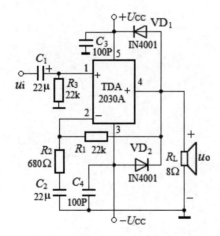

图 5.2.5-3 TDA2030A 双电源功放电路

输入信号 u_i 由同相端输入，R_1、R_2、C_2 构成交流电压串联负反馈，因此闭环电压放大倍数为 $A_{uf} = 1 + \dfrac{R_1}{R_2}$。

为保持两输入端直流电阻平衡，使输入级偏置电流相等，选择 $R_3 = R_1$；VD_1、VD_2 起保护作用，用来泄放 R_L 产生的感生电压，将输出端最大电压钳位在（$U_{CC} + 0.7$ V）和（$-U_{CC} - 0.7$ V）

上；C_3、C_4 为去耦电容，用于减少电源内阻对交流信号的影响；C_1、C_2 为耦合电容。

（2）单电源（OTL）应用电路。

对使用单电源的中小型录音机的音响系统，可采用单电源连接方式，如图 5.2.5-4 所示。

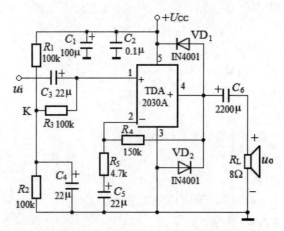

图 5.2.5-4 TDA2030A 单电源功放电路

由于采用单电源供电，故同相输入端用阻值相同的 R_1、R_2 组成分压电路，使 K 点电位为 $\dfrac{U_{CC}}{2}$，经 R_3 加至同相输入端。在静态时，同相输入端、反向输入端和输出端皆为 $\dfrac{U_{CC}}{2}$。其他元件的作用与双电源电路相同。

【任务实施】

一、任务分析

1. 电路原理图

便携式喊话器电路的原理图如图 5.3.1-1 所示。

2. 电路分析

（1）前置放大电路。

在喊话器电路中，BM 是小型驻极体话筒，电阻器 R_1 为驻极体话筒提供工作电压。电阻器 R_2 和电容器 C_1 为滤波退耦电路，避免自激，保证电路稳定工作；R_P 为音量电位器，可调节喊话器的声音大小；三极管 VT_1 与电阻器 R_3、R_4 组成电压并联负反馈放大电路，对话筒信号进行前置放大。

（2）推动与功率放大电路。

三极管 VT_2、电阻器 $R_5 \sim R_7$ 组成射极偏置电路，作为功放电路的推动级。电阻器 R_5、R_6 为 VT_2 提供一个稳定的工作点，电阻器 R_6 接在输出中点电压上，起深度负反馈作用，使电路稳定工作；R_7 为 VT$_2$ 发射极反馈电阻，稳定静态工作点；电容器 C_5 是 VT$_2$ 发射极旁路电容，使交流信号不受反馈的影响，提高交流放大倍数。

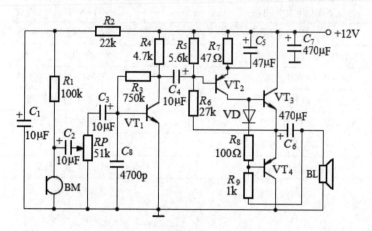

图 5.3.1-1　便携式喊话器电路原理图

VT$_3$、VT$_4$ 及周围器件组成互补对称功率放大电路；电阻器 R_8、R_9 与二极管 VD 是三极管 VT$_2$ 的集电极负载，静态时为 VT$_3$、VT$_4$ 提供偏置电压，使其工作在甲乙类状态；调节 R_8 的大小可以改变推挽功放管 VT$_3$、VT$_4$ 的静态工作电流；VD 有一定的温度补偿作用，保证电路的工作稳定；R_9 没有直接接到电源的负极，而是通过扬声器接到电源的负极上，这种连接有一定的自举作用，使三极管 VT$_3$ 工作时能得到足够的驱动电流。

电容器 C_2、C_3、C_4 为音频耦合电容；C_6 是输出隔直流电容，由于容量较大，其两端电压基本不变，作为 VT$_4$ 的工作电源；电容器 C_7 为电源滤波电容；C_8 的作用是防止啸叫、滤除杂波。

3. 电路主要技术参数与要求

最大不失真功率：2W。

频率范围：20Hz～20kHz。

谐波失真：≤0.5%。

信噪比：≥50dB。

4. 电路元器件参数

便携式喊话器电路元器件参数如表 5-1 所示。

表 5-1　喊话器电路元器件参数

元器件	规格	元器件	规格
R_1	100kΩ1/8W 碳膜电阻器	C_6、C_7	470μF/16V 电解电容器
R_2	22kΩ1/8W 碳膜电阻器	C_8	4700pF 涤纶电容器
R_3	750kΩ1/8W 碳膜电阻器	VD	1N4148 硅二极管

元器件	规格	元器件	规格
R_4	4.7kΩ1/8W 碳膜电阻器	VT_1	9014NPN 型三极管
R_5	5.6kΩ1/8W 碳膜电阻器	VT_2	9015PNP 型三极管
R_6	27kΩ1/8W 碳膜电阻器	VT_3	8085NPN 型三极管
R_7	47Ω1/8W 碳膜电阻器	VT_4	8550PNP 型三极管
R_8	100Ω1/8W 碳膜电阻器	R_P	10~51KΩ 电位器
R_9	1kΩ1/8W 碳膜电阻器	BM	小型驻极体话筒
$C_1 \sim C_4$	10μF/10V 电解电容器		12V 电池夹
C_5	47μF/10V 电解电容器	BL	8Ω/2W 扬声器

二、任务实施

1. 电路装配前的准备

（1）制作工具与仪器。

焊接工具：电烙铁（20~35W）、烙铁架、焊锡丝、松香。

制作工具：尖嘴钳、平口钳、镊子。

测试仪器仪表：万用表、示波器、稳压电源、低频信号发生器。

（2）印刷电路板的设计与检查。

功率放大电路的印刷电路板设计图如图 5.3.2-1 所示。

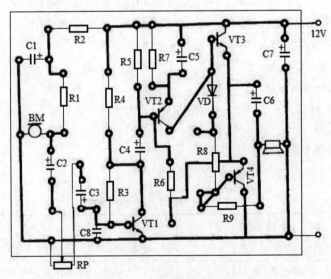

图 5.3.2-1　喊话器电路板

1）印制板板面应平整，无严重翘曲，边缘整齐，无明显碎裂、分层及毛刺，表面无被腐蚀的铜箔，线路面有可焊的保护层。

2）导线表面光洁，边缘无影响使用的毛刺和凹陷，导线不应断裂，相邻导线不应短路。

3）焊盘与加工孔中心应重合，外形尺寸、导线宽度、孔径位置尺寸应符合设计要求。

2. 元器件检测

电阻、二极管、电容的检测方法同前。为保证电路对信号不失真地放大，功放输出管必须是一对特性参数完全一致的大功率三极管。

功放输出对管常用晶体管特性图示仪来判定两个三极管的特性是否一致，即通过图示的方法观测两个三极管的输出特性曲线是否完全对称。

3. 电路装配

电路装配工艺要求同任务一。

4. 电路调试

（1）静态工作点的测试与调整。

仔细检查、核对电路元器件的参数、电解电容器的极性、三极管的管脚，确认无误后加入直流稳压电源。

在输入信号 $u_i = 0$ 的条件下，用万用表测量功放电路 K 点的电压，使 $U_K = \frac{1}{2}U_{CC}$。"中点电压"调整正确后，用万用表测量三极管 VT_1、VT_2、VT_3、VT_4 各极的直流电压，将测量数据填入表 5-2 中。

表 5-2　电路静态工作点测试数据

	基极电压	集电极电压	发射极电压
VT_1			
VT_2			
VT_3			
VT_4			

（2）交越失真及其消除方法。

"中点电压"调整正确后，在电路输入端（暂断开话筒）输入频率为 1kHz 的正弦信号，逐渐增大输入信号的幅度，观察电路正常偏置时的输出信号波形。

静态工作点不变，短接三极管的偏置电路，观察输出管无偏置时信号的输出波形。

比较输出管 VT_3、VT_4 基极正常偏置和无偏置时电路的输出波形，总结放大电路消除交越失真的方法。

三、任务评价

本任务的考评点及所占分值、考评方式、考评标准及本任务在课程考核成绩中的比例如表 5-3 所示。

表 5-3　便携式喊话器电路制作评价表

序号	考评点	分值	考核方式	评价标准			成绩比例(%)
				优	良	及格	
一	任务分析	20	教师评价(50%)+互评(50%)	通过资讯，能熟练掌握低频功率放大电路的组成、工作原理，掌握电路元器件的功能，能分析、计算电路参数指标	通过资讯，能掌握低频功率放大电路的组成、工作原理，掌握电路元器件的功能，了解电路参数指标	通过资讯，能分析低频功率放大电路的组成、工作原理，了解电路元器件的功能	
二	任务准备	20	教师评价(50%)+互评(50%)	能正确使用仪器仪表识别、检测扬声器、功放对管等元器件，制定详细的安装制作流程与测试步骤	能正确使用仪器仪表识别、检测扬声器、功放对管等元器件，制定基本的安装制作流程与测试步骤	能正确识别、检测扬声器、功放对管等元器件，制定大致的安装制作流程与测试步骤	
三	任务实施	25	教师评价(40%)+互评(60%)	元器件成形尺寸准确，器件安装布局美观，焊接质量可靠，焊点规范、一致性好，能用万用表、示波器测量、观看关键点的数据和波形，能准确迅速地排除电路的故障，电路调试一次成功	元器件成形尺寸准确，器件安装布局美观，焊接质量可靠，焊点规范、一致性好，能用万用表、示波器测量、观看关键点的数据和波形，能准确排除电路的故障，电路调试一次成功	元器件成形尺寸有一定误差，器件安装布局美观，焊接质量可靠，焊点较规范，能用万用表、示波器测量、观看关键点的数据和波形，能排除电路的故障，电路经过调试后能成功	15
四	任务总结	15	教师评价(100%)	有完整、详细的喊话器电路的任务分析、实施、总结过程记录，并能提出电路改进的建议	有完整的喊话器电路的任务分析、实施、总结过程记录，并能提出电路改进的建议	有完整的喊话器电路的任务分析、实施、总结过程记录	
五	职业素养	20	教师评价(30%)+自评(20%)+互评(50%)	工作积极主动、仔细认真；遵守工作纪律，服从工作安排；遵守安全操作规程，爱惜器材与测量仪器仪表，节约焊接材料，不乱扔垃圾，工作台和环境卫生清洁	工作积极主动；遵守工作纪律，服从工作安排；遵守安全操作规程，爱惜器材与测量仪器仪表，节约焊接材料，不乱扔垃圾，工作台和环境卫生清洁	遵守工作纪律，服从工作安排；遵守安全操作规程，爱惜器材与测量仪器仪表，节约焊接材料，不乱扔垃圾，工作台卫生清洁	

四、知识总结

（1）功率放大电路按静态工作点设置，可分为甲类功率放大器、乙类功率放大器、甲乙类功率放大器。

甲类功放电路简单，但工作效率低；乙类功放采用双管推挽输出，效率较高，但电路容易产生交越失真；甲乙类功放电路效率较高，也能克服交越失真，所以应用广泛。

（2）从输出端的特点分类，功放电路又分为 OCL 和 OTL 功放电路。OCL 功放电路需要双电源供电，OTL 功放电路采用单电源供电。

（3）集成运放具有体积小、工作稳定、外围元件少、调试方便等优点，是今后功率放大电路的发展方向。

【任务训练】

一、填空题

1. 功率放大器按静态工作点设置的不同，可分为_____、_____、_____三类。

2. 甲类功率输出级电路的缺点是_____，乙类功率输出级的缺点是_____，故一般功率输出级应工作于_____状态。

3. 乙类推挽放大器，由于三极管的死区电压造成输出信号失真现象，这种失真称为_____。

4. 乙类功放最高效率为_____。

5. OCL 电路，静态时 $U_K =$ _____；OTL 电路，静态时 $U_K =$ _____。

二、选择题

1. 某工作于乙类的互补推挽功率输出级，若负载电阻不变，欲将输出功率提高一倍，则应该（　　）。

    A．电源电压提高一倍　　　　　　　　B．电源电压提高 $\sqrt{2}$ 倍

    C．增大输入信号幅度

2. 功率输出级的转换效率是指（　　）。

    A．输出功率与集电极耗散功率之比

    B．输出功率与电源提供的直流功率之比

    C．晶体管的耗散功率与电源提供的直流功率之比

3. 乙类功率输出级，最大输出功率为 1W，则每个功放管的集电极最大耗散功率为（　　）。

    A．1W　　　　　　　　B．0.5W　　　　　　　　C．0.2W

4. 在单电源 OTL 电路中，接入自举电容是为了（　　）。

A．提高输出波形的幅度　　　　　　B．提高输出波形的正半周幅度

C．提高输出波形的负半周幅度

5．OTL 电路，静态时 $U_K =$（　　）。

A．0　　　　　　　　B．U_{CC}　　　　　　　　C．$\frac{1}{2}U_{CC}$

三、判断题

1．在推挽功率放大器中，当两只晶体三极管有合适的偏流时就可以消除交越失真。

（　　）

2．功率放大器的主要任务就是向负载提供足够大的不失真的功率信号。　　（　　）

3．电压放大器没有功率放大作用。　　　　　　　　　　　　　　　　　　（　　）

4．乙类互补对称功率放大电路的效率要比甲类功率放大电路高。　　　　（　　）

5．乙类互补对称功放电路在输出功率最大时管子的管耗最大。　　　　　（　　）

四、分析与计算题

1．电路如练习题 1 图所示。已知 U_{CC}=16V，R_L=8Ω，忽略 VT$_2$、VT$_3$ 的饱和压降，当输入电压足够大时试计算：

（1）负载上的最大输出功率 P_{om} 和电路的最高效率 η 各为多少？

（2）三极管的最大功耗 $P_{C\,(max)}$ 为多少？

2．电路如练习题 2 图所示，为使电路正常工作，试回答下列问题：

（1）静态时电容 C 两端的电压是多少？如果偏离此值，应首先调节 R_{P1} 还是 R_{P2}？

（2）R_{P2} 或二极管断开时是否安全？为什么？

（3）调节静态工作电流，主要调节 R_{P1} 还是 R_{P2}？

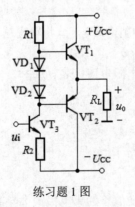

练习题 1 图

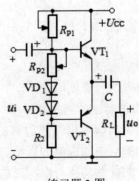

练习题 2 图

附录一

半导体器件型号命名方法

附表 1-1　我国半导体分立器件型号命名法

第一部分		第二部分		第三部分		第四部分		第五部分	
用数字表示器件电极数目		用字母表示器件的材料、极性		用汉语拼音字母表示器件的类型		用数字表示器件的序号		用拼音字母表示规格号	
符号	意义	符号	意义	符号	意义	符号	意义	符号	意义
2	二极管	A	N 型锗材料	P	普通管	1~4 位数字	产品序号	A	规格号
		B	P 型锗材料	W	稳压管			B	
		C	N 型硅材料	Z	整流管			C	
		D	P 型硅材料	L	整流堆			D	
3	三极管	A	PNP 型锗材料	U	光电管			E	
		B	NPN 型锗材料	K	开关管			F	
		C	PNP 型硅材料	X	低频小功率管			…	
		D	NPN 型硅材料	G	高频小功率管				
		E	化合物材料	D	低频大功率管				
				A	高频大功率管				
				T	晶闸管				

附表 1-2　美国电子工业协会半导体分立器件型号命名法

第一部分		第二部分		第三部分		第四部分		第五部分	
用符号表示用途的类别		用数字表示PN结的数目		美国电子工业协会（EIA）注册标志		美国电子工业协会（EIA）登记顺序号		用字母标示器件分档	
符号	意义	符号	意义	符号	意义	符号	意义	符号	意义
JAN或J无	军用品 非军用品	1 2 3 n	二极管 三极管 三个PN结器件 n个PN结器件	N	该器件已在美国电子工业协会注册登记	多位数字	该器件在美国电子工业协会登记的顺序号	A B C D	同一型号的不同档别

附表 1-3　日本半导体分立器件型号命名法

第一部分		第二部分		第三部分		第四部分		第五部分	
用数字表示类型或PN结数		S表示日本电子工业协会（EIAJ）注册产品		用字母表示器件的极性及类型		日本电子工业协会（EIAJ）登记顺序号		用字母表示原来型号的改进产品	
符号	意义	符号	意义	符号	意义	符号	意义	符号	意义
0 1 2	光电（光敏）管 二极管 三极管	S	表示已在日本电子工业协会（EIAJ）注册登记的半导体器件	A B C D J K M	PNP型高频管 PNP型低频管 NPN型高频管 NPN型低频管 P沟道场效应管 N沟道场效应管 双向可控硅	两位以上数字	从11开始表示注册登记的顺序号，数字越大越是近期产品	A B C D E F	用字母标示对原来型号的改进产品

附表 1-4　国际电子联合会半导体分立器件型号命名法

第一部分		第二部分		第三部分		第四部分	
用字母表示使用的材料		用字母表示类型及主要特征		用数字表示登记号		用字母对同型号者分档	
符号	意义	符号	意义	符号	意义	符号	意义
A B C D R	锗材料 硅材料 砷化镓 锑化铟 复合材料	A B C D F L S U Z	检波、开关和混频二极管 变容二极管 低频小功率三极管 低频大功率三极管 高频小功率三极管 高频大功率三极管 小功率开关管 大功率开关管 晶闸管	三位数字	通用半导体器件序号	A B C D E …	同一型号按照某一参数进行分档

附录二
部分整流二极管参数

型号	额定正向整流电流 I_F（A）	正向压降 U_F（V）	正向不重复浪涌峰值电流 I_{FSM}（A）	反向工作峰值电压 U_R（V）
2CZ52A				25
2CZ52B				50
2CZ52C	0.1	1	2	100
2CZ52D				200
2CZ52E				300
2CZ52F				400
1N4001				50
1N4002				100
1N4003				200
1N4004	1	1.1	30	400
1N4005				600
1N4006				800
1N4007				1000
1N5401				100
1N5402				200
1N5403				300
1N5404				400
1N5405	3	1.1	150	500
1N5406				600
1N5407				800
1N5408				1000

附录三
几种常用稳压管的主要参数

型号	稳压值 U_Z （V）	允许功耗 P_Z （W）	动态电阻 r_Z （Ω）
1N5226A	3.3	0.5	28
1N5227A	3.6	0.5	24
1N5229A	4.3	0.5	22
1N5230A	4.7	0.5	14
1N5233A	6	0.5	7
1N4736	6.8	1	3.5
1N4737	7.5	1	4
1N4738	8.2	1	4.5
1N4740	9.4～10.6	1	7
1N4742	11.4～12.7	1	9
1N4744	13.8～15.6	1	14
1N6024	100±5%	0.5	400
1N6026	120±5%	0.5	800

附录四

部分三极管参数简介

型号	极限参数			频率	类型
	$U_{(BR)CEO}$（V）	I_{CM}（A）	P_{CM}（W）	f（MHz）	
2N3903	40	0.2	0.35	250	NPN
2N3904	40	0.2	0.35	300	NPN
2N3905	40	0.2	0.35	200	PNP
2N3906	40	0.2	0.35	150	PNP
2N5401	150	0.6	0.35	100	PNP
2N5551	160	0.6	0.35	100	NPN
2N3055	60	15	115	0.8	NPN
2N2955	60	15	115	2.5	NPN
2SA733	50	0.1	0.25	50	
2SA940	150	1.5	25	4	
2SA985	120	1.5	25	180	
2SA1015	50	0.15	0.4	80	PNP
2SA1145	150	0.05	0.8	200	
2SA1216	180	15	150	50	
2SA1301	160	12	120	30	
2SA1302	200	15	150	25	
2SB647	80	1	0.9	140	
2SB649	120	1.5	20	140	PNP
2SB688	120	8	80	10	

续表

型号	极限参数			频率	类型
	$U_{(BR)CEO}$（V）	I_{CM}（A）	P_{CM}（W）	f（MHz）	
2SC945	50	0.1	0.25	150	NPN
2SC1815	50	0.15	0.4	80	
2SC2073	150	1.5	25	4	
2SC2275	120	1.5	25	200	
2SC2705	150	0.05	0.8	200	
2SC2922	180	17	200	50	
2SC3280	160	12	120	30	
2SC3281	120	15	150	30	
2SD313	60	3	30	8	NPN
2SD325	35	1.5	10	8	
2SD667	80	1	0.9	140	
2SD669	120	1.5	20	140	
2SD718	120	8	80	12	
2SD880	60	3	30	3	
2SD1555	600	5	50	3	
BC337	45	0.8	0.625	100	NPN
BC338	25	0.8	0.625	100	NPN
BD137	60	1.5	8	250	NPN
BD138	60	1.5	8	75	PNP
BD235	60	2	25	3	NPN
BD236	60	2	25	3	PNP
BD237	80	2	25	3	NPN
BD238	80	2	25	3	PNP
BD243	45	8	65	3	NPN
BD244	45	8	65	3	PNP
BU208	700	5	13	7	NPN
BU2 08D	700	5	60	7	NPN
BU508A	700	8	125	7	NPN
BU508D	700	8	125	7	NPN
CS9012	25	1	0.6		PNP
CS9013	25	1	0.4		NPN
CS9014	18	0.1	0.31		NPN
CS9015	18	0.1	0.31	50	PNP
CS8050	25	1.5	1	100	NPN
CS8550	25	1.5	1	100	PNP

参考文献

[1] 康华光. 电子技术基础（模拟部分）（第四版）. 北京：高等教育出版社，1999.

[2] 胡宴如. 电子技术. 北京：高等教育出版社，2000.

[3] 周良全等. 模拟电子技术（第二版）. 北京：高等教育出版社，2001.

[4] 邓沐生，周红兵. 模拟电子电路分析与应用. 北京：高等教育出版社，2008.